# REPERTORIUM

FÜR

# PHYSIKALISCHE TECHNIK

FÜR

MATHEMATISCHE UND ASTRONOMISCHE

# INSTRUMENTENKUNDE.

HERAUSGEGEBEN

VON

## DR. PH. CARL,

PRIVATDOCENT AN DER UNIVERSITÄT MÜNCHEN.

ZWEITER BAND.
## ATLAS.
TAFEL I BIS XL.

MÜNCHEN, 1867.
VERLAG VON R. OLDENBOURG.

# Verzeichniss der Figurentafeln.

-----

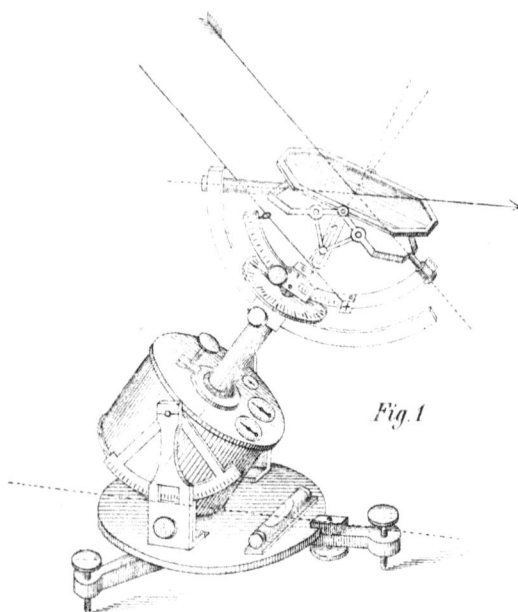

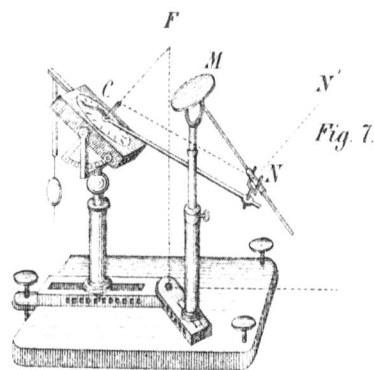

S.Gravesande's Heliostat.

Fig.1

Heliostat von Silbermann.

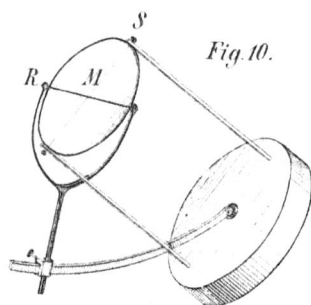

Fig.10.

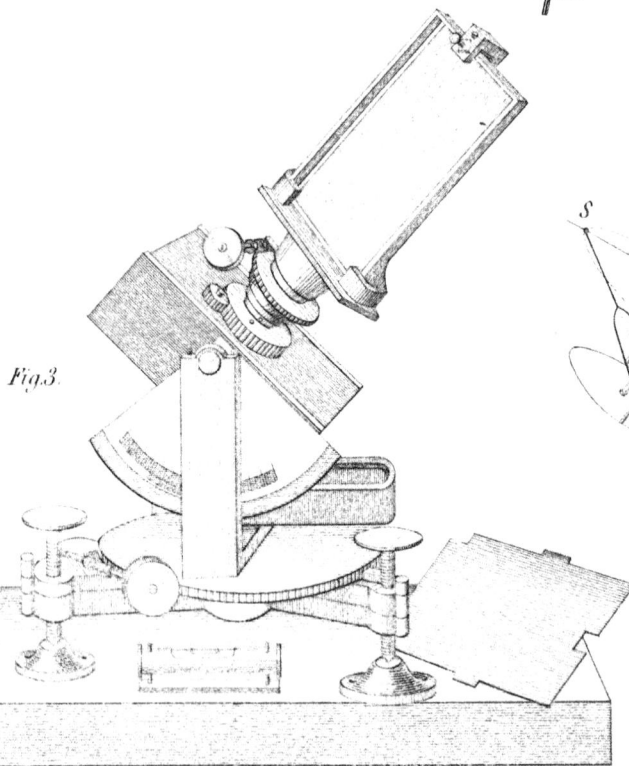

Fig.3.

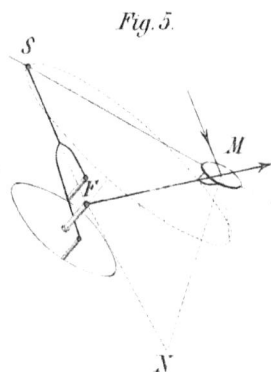

Fig.5.

v. Littrow's Heliostat.

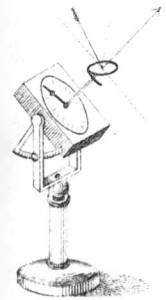

...heit's Heliostat.

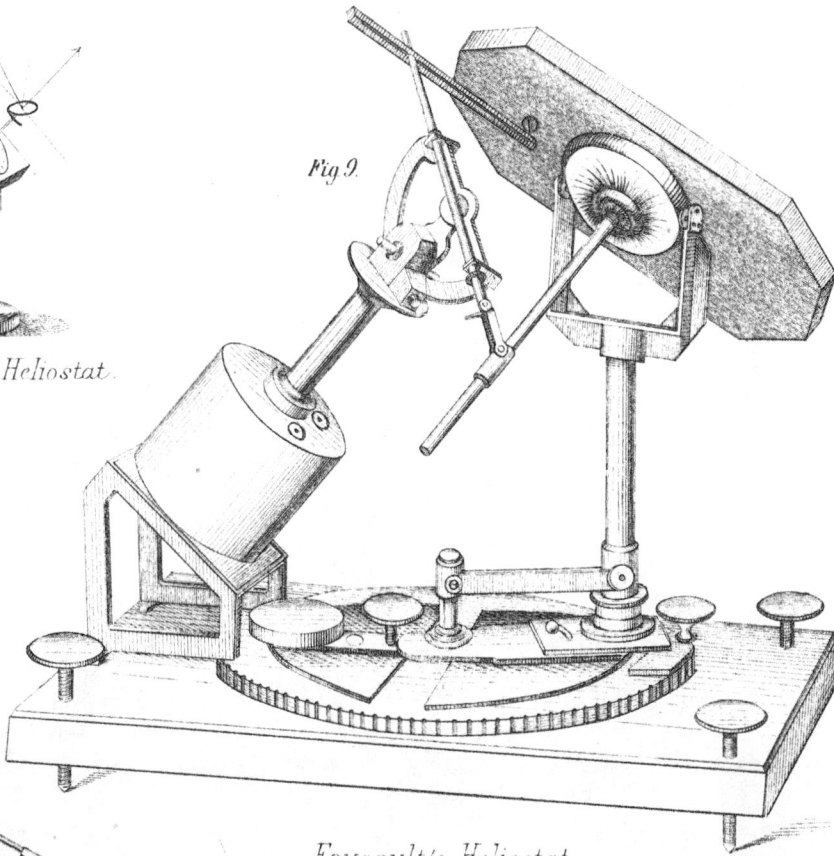

Fig. 9.

Foucault's Heliostat.

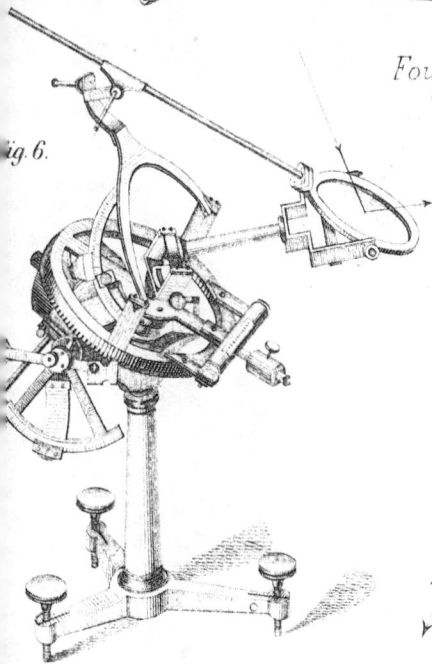

...ig. 6.

Gambey's Heliostat.

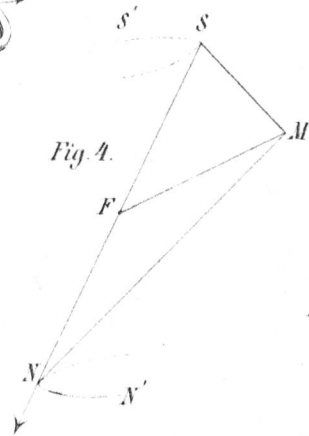

Fig. 4.

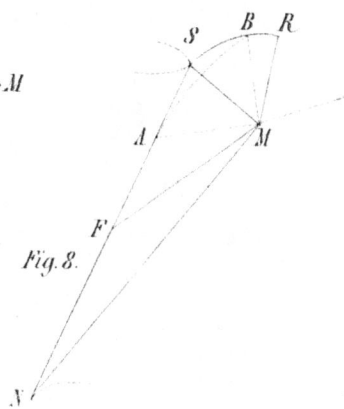

Fig. 8.

Heliostat von Reusch

$\frac{1}{2}$ nat. Grösse

zur Abhandlung von Zech „Über Heliostaten.“

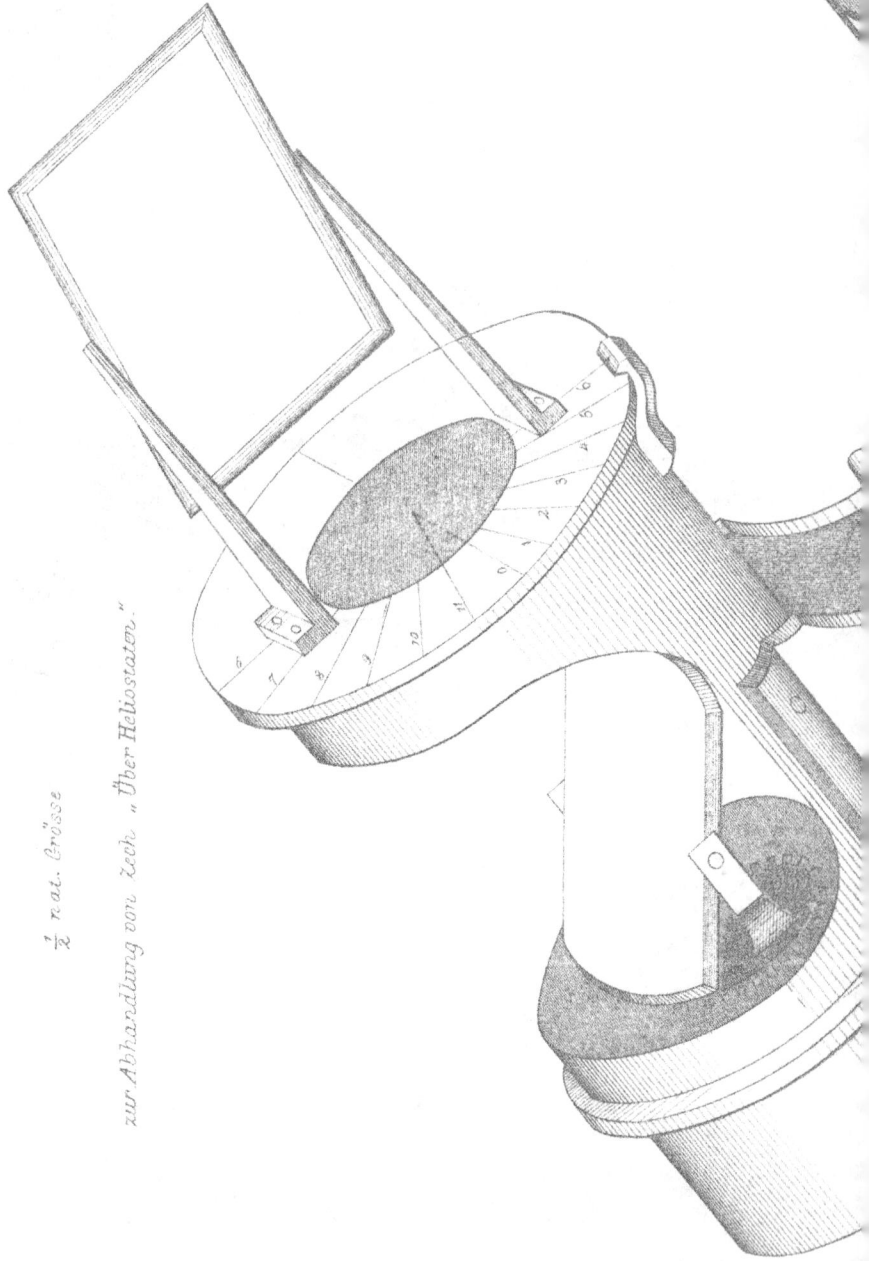

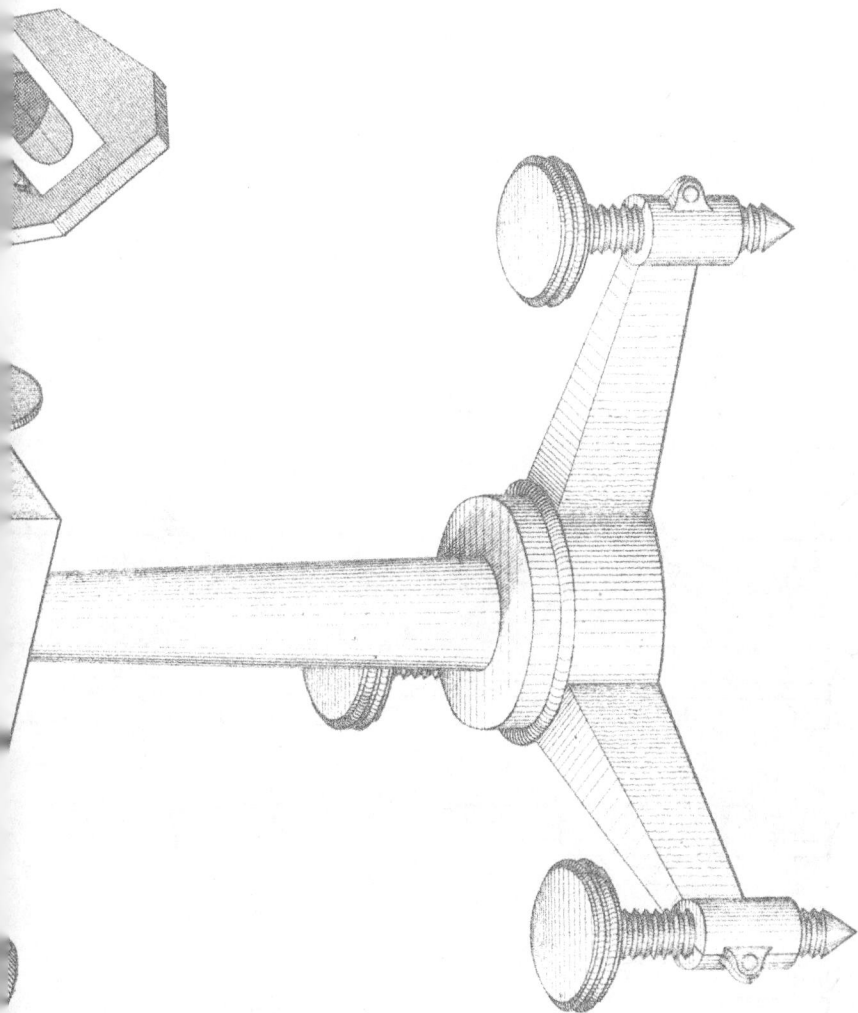

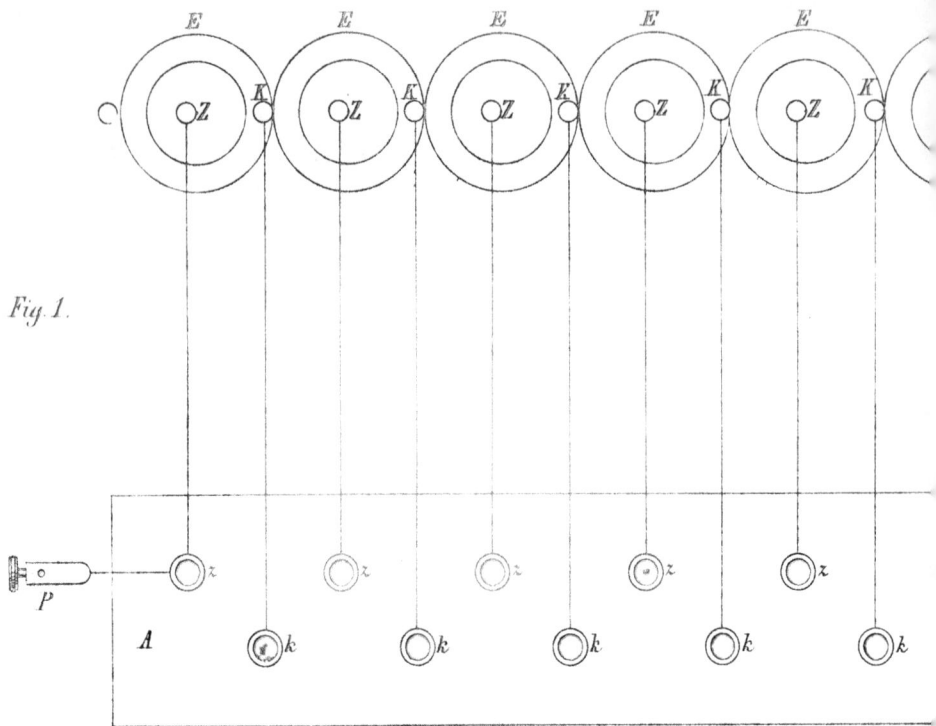

Fig. 1.

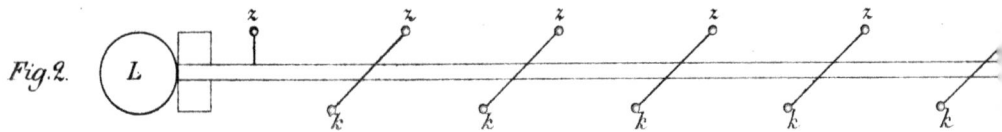

Fig. 2.

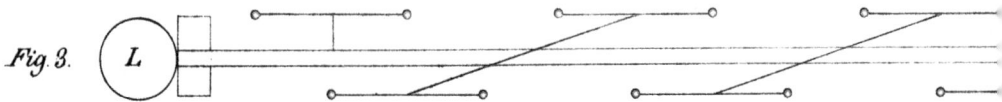

Fig. 3.

Fig. 4.

Fig. 5.

Fig. 6.

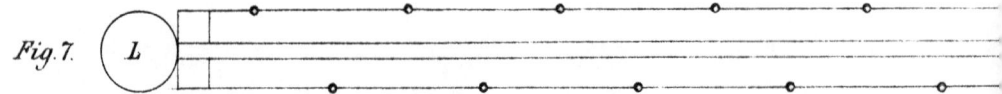

Fig. 7.

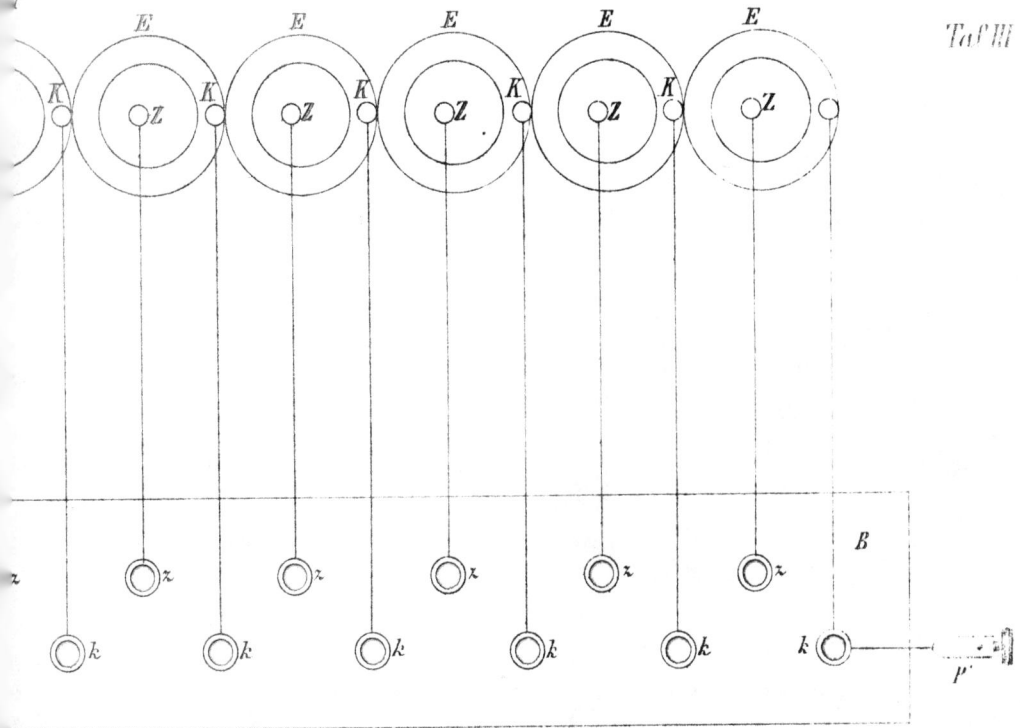

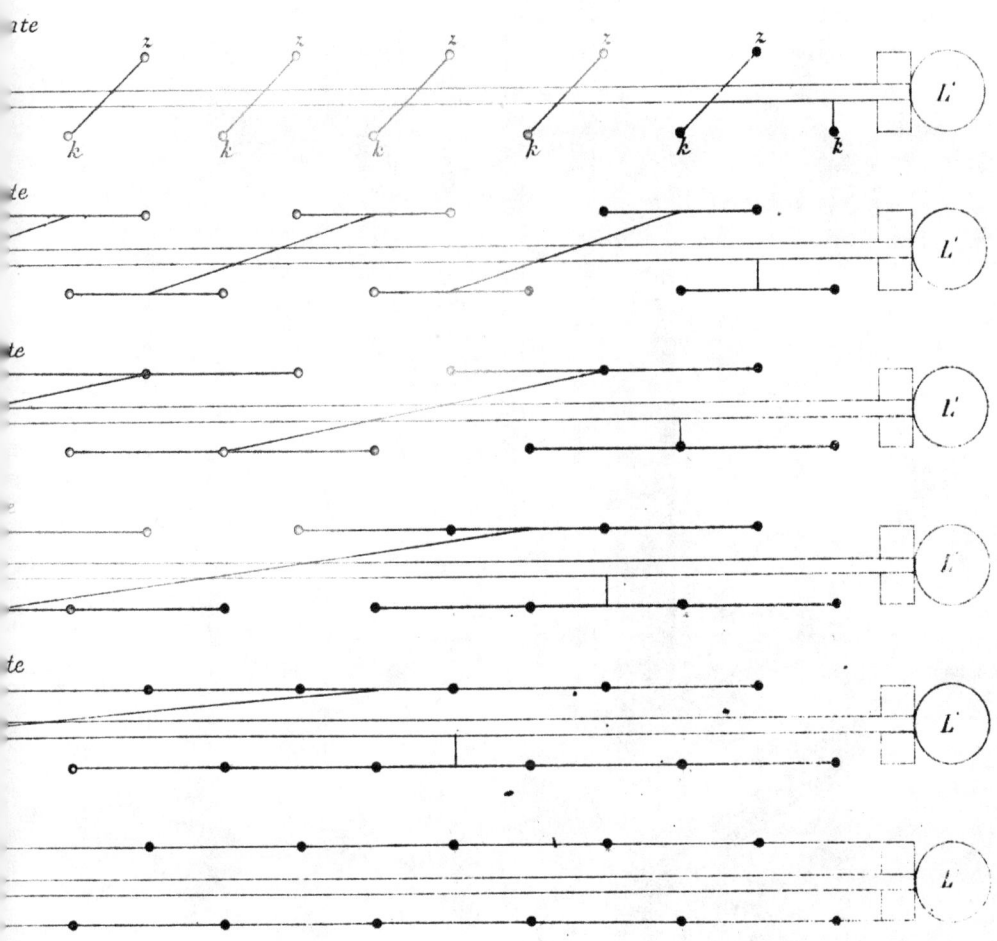

v. Feilitzsch Apparat
zu Versuchen über
Gas u. Dampfspannungen.

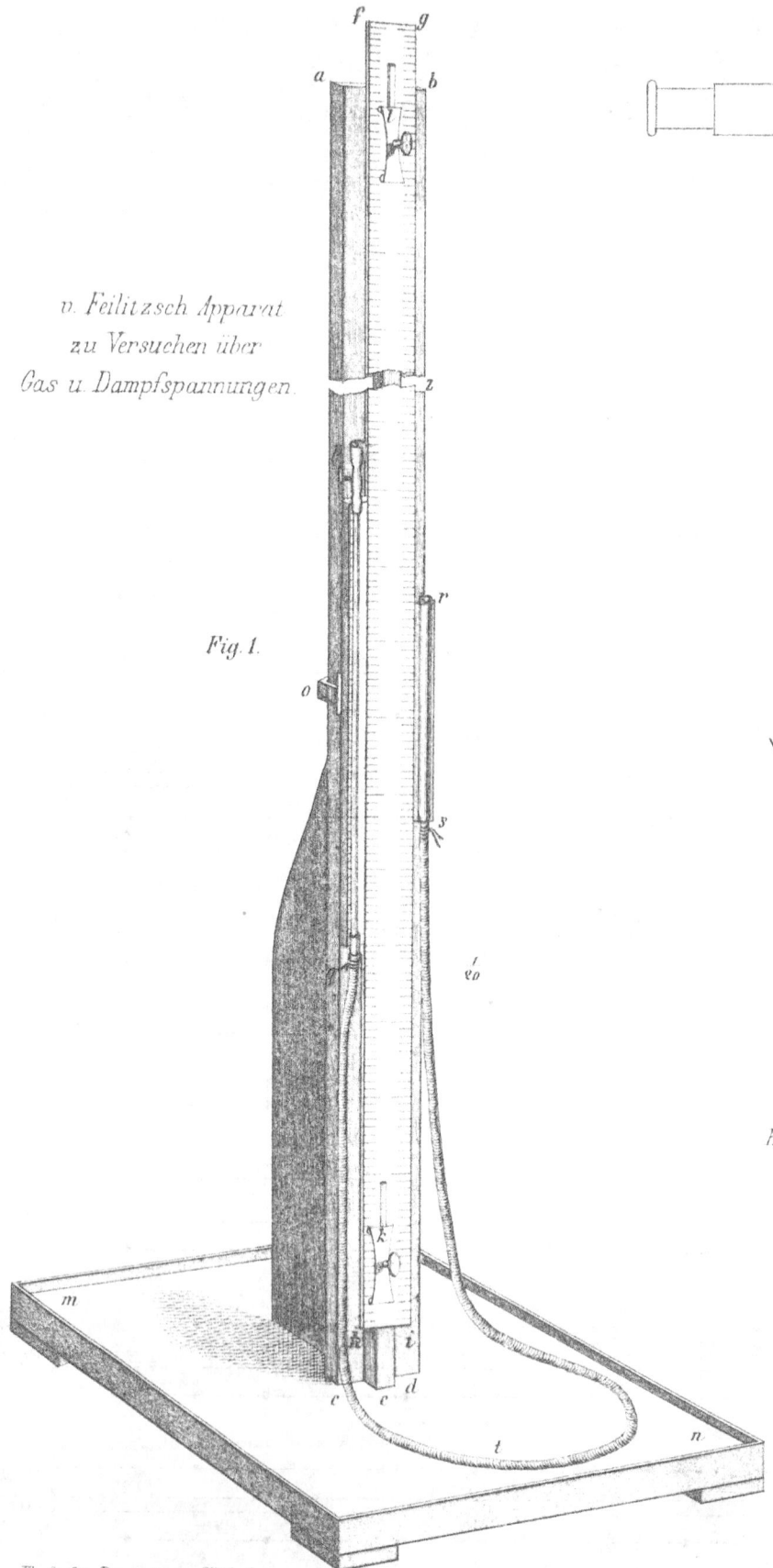

Fig. 1.

Fig. 2.

Breithaupt's

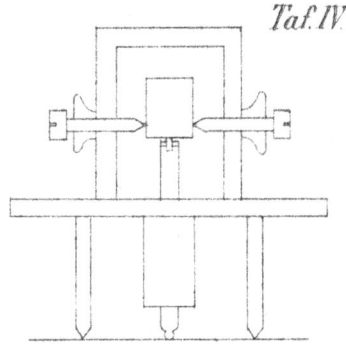

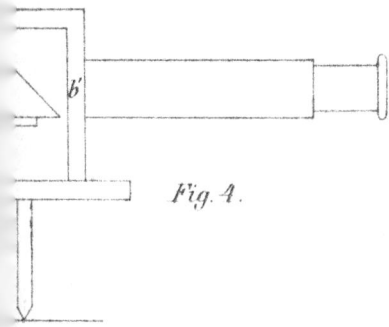

Fig. 4.

Fig. 5.

Fig. 3.

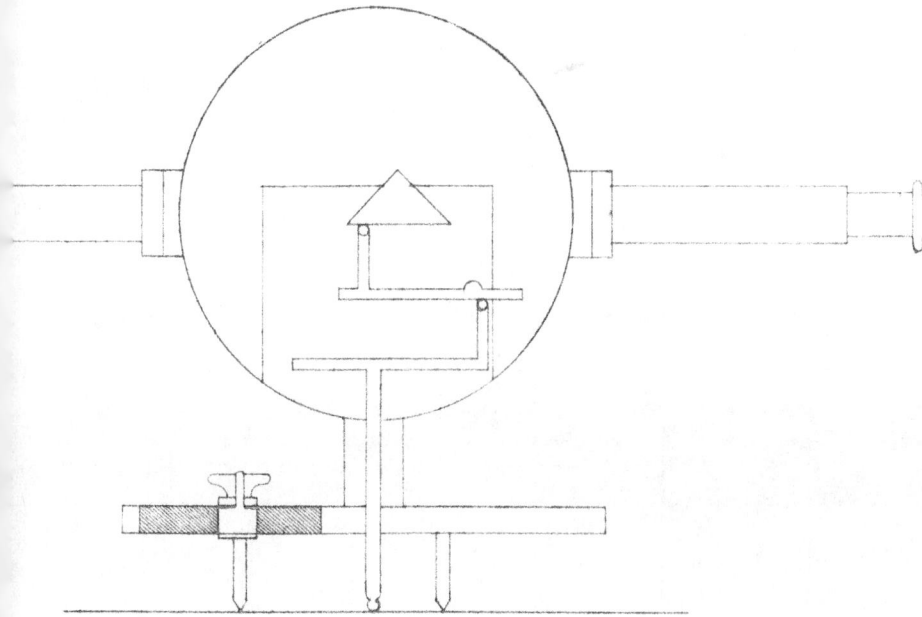

Fig. 6.

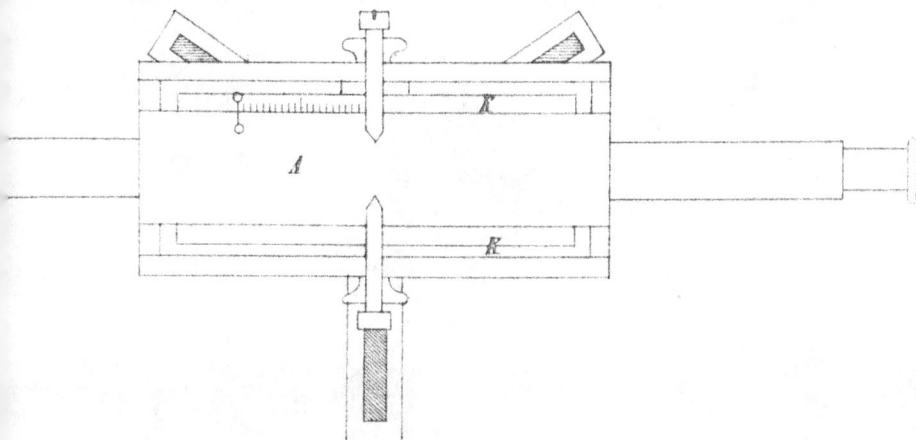

A

K

K

Meyerstein's Prismen-Sphaerometer.

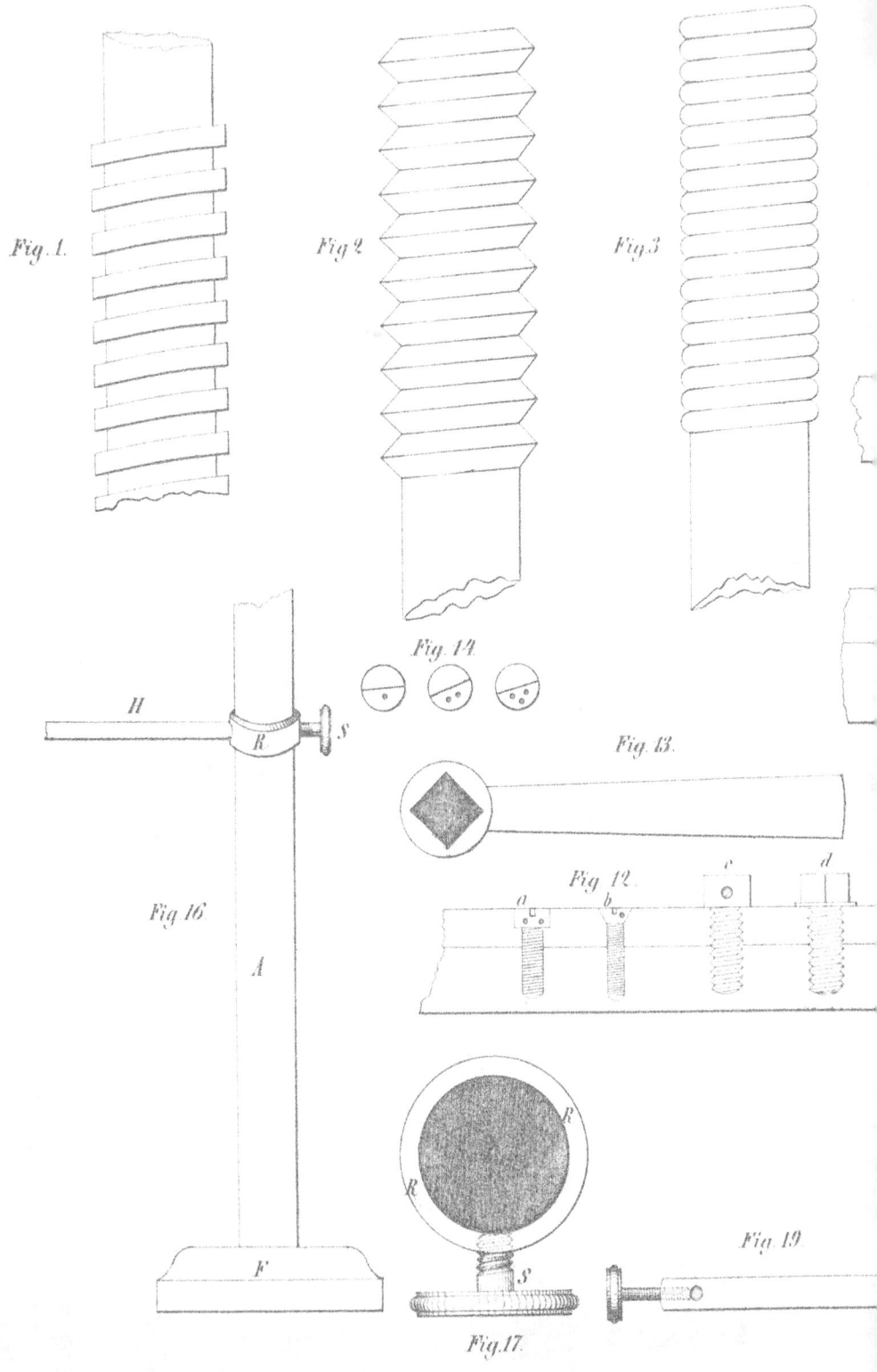

Fig. 1.

Fig. 2.

Fig. 3.

Fig. 14.

Fig. 13.

Fig. 16.

*H*

*R*   *s*

*A*

*F*

Fig. 12.

*a*        *b*        *c*        *d*

*R*

*R*

*s*

Fig. 19.

Fig. 17.

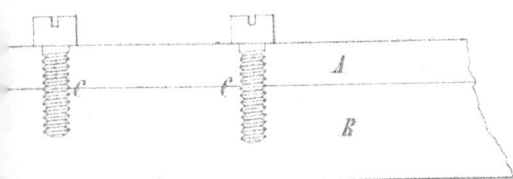

Fig. 4.

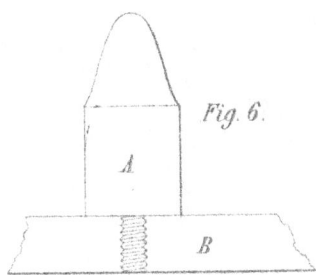

Fig. 6.

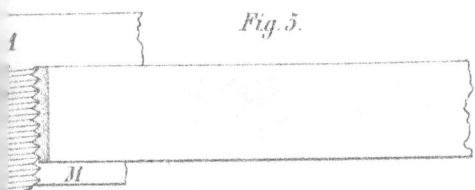

Fig. 5.

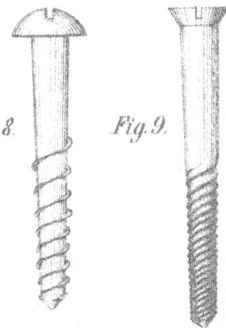

Fig. 8.

Fig. 9.

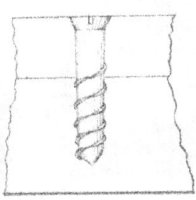

Fig. 11.

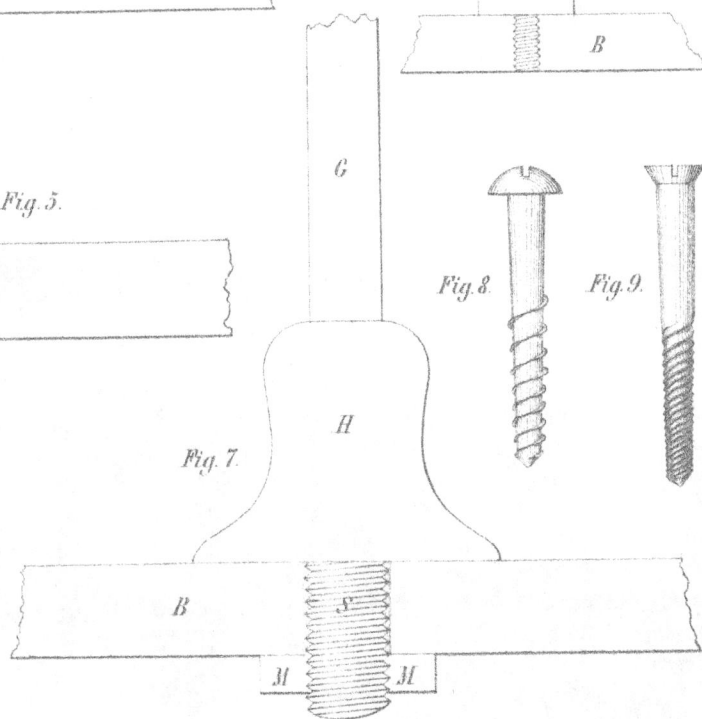

Fig. 7.

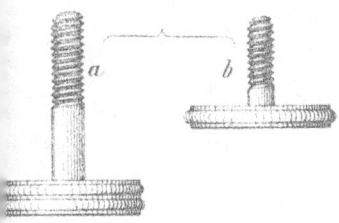

Fig. 15.

Fig. 18.

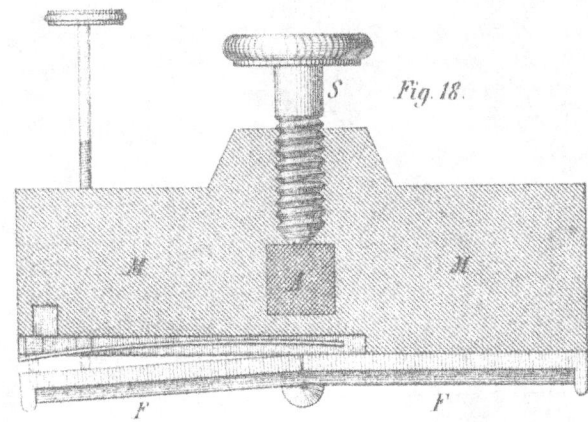

Fig. 20.

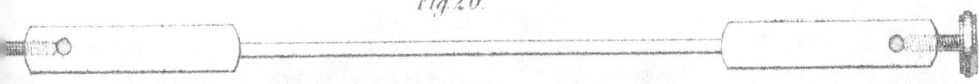

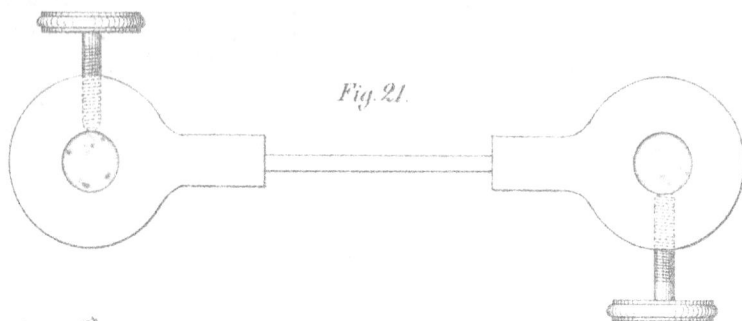

Fig. 21.

Fig.

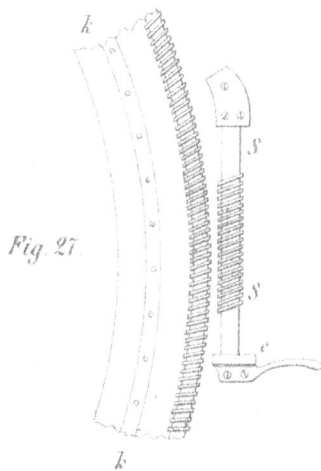

Fig. 27.

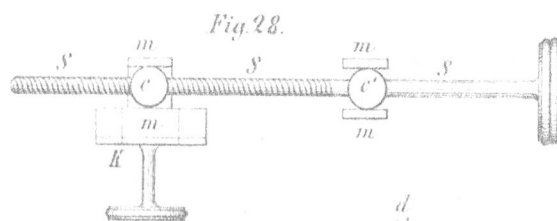

Fig. 28.

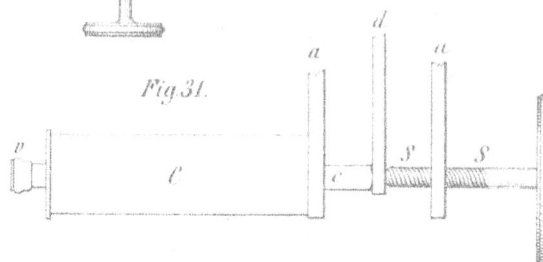

Fig. 31.

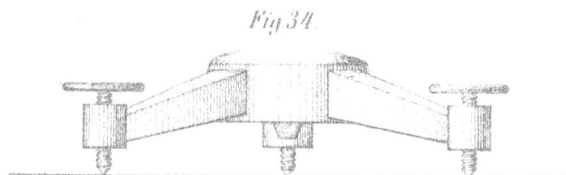

Fig. 34.

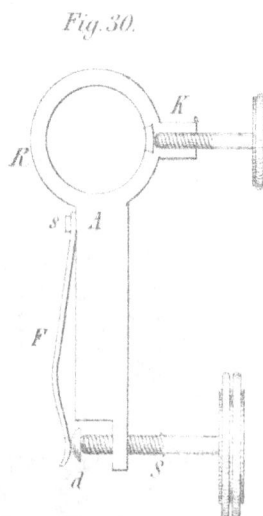

Fig. 30.

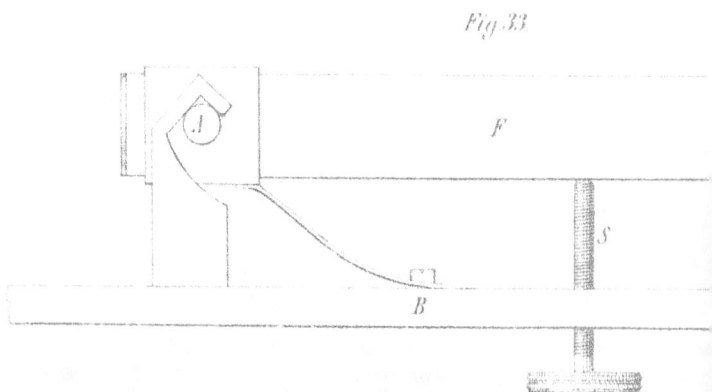

Fig. 33.

Fig. 23.

Fig. 24.

Fig. 25.

Fig. 26.

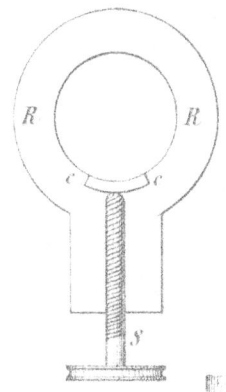

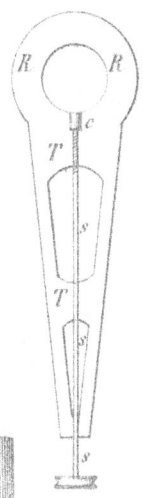

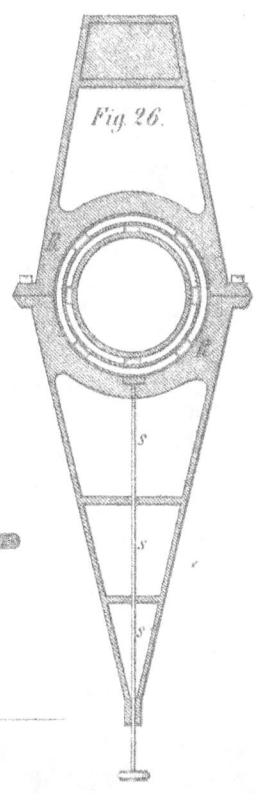

Fig. 35.

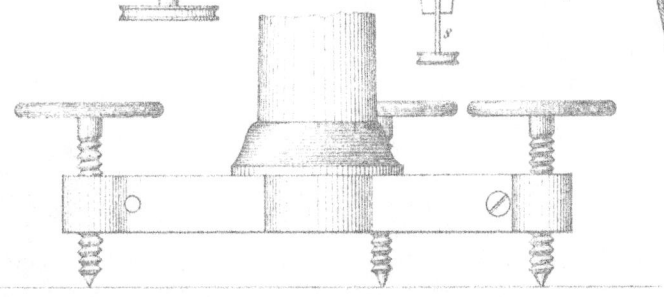

Fig. 36.

Fig. 32.

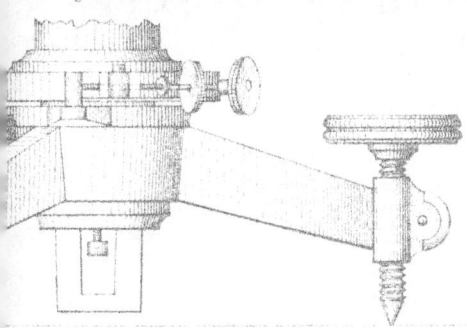

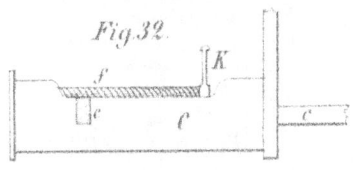

Fig. 37.

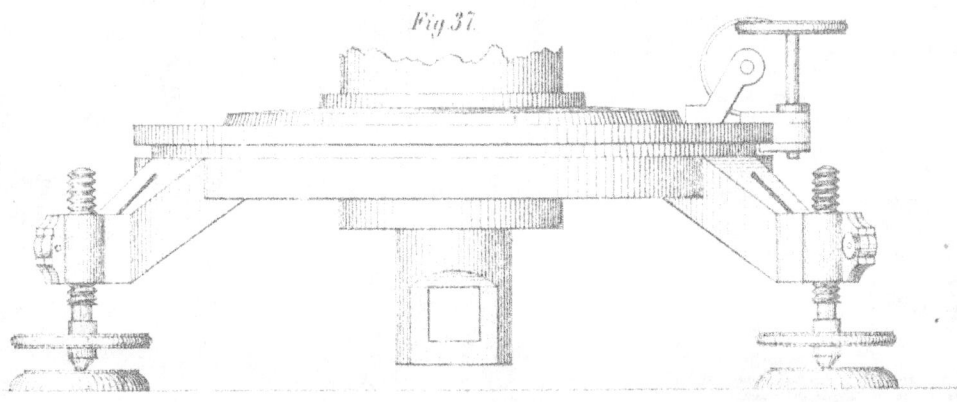

*Fig.38.*

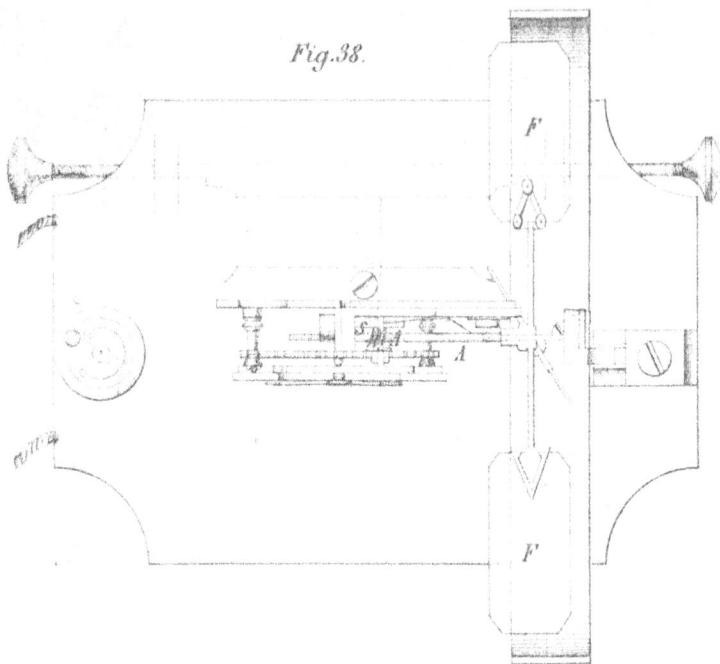

*Fig. 40.*

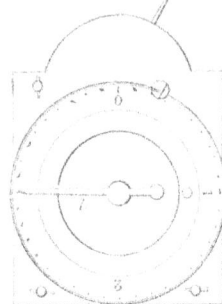

*Fig. 49.*

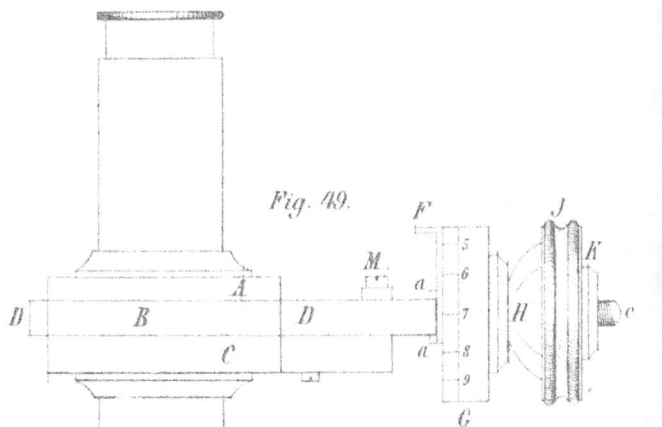

*Fig.39.*

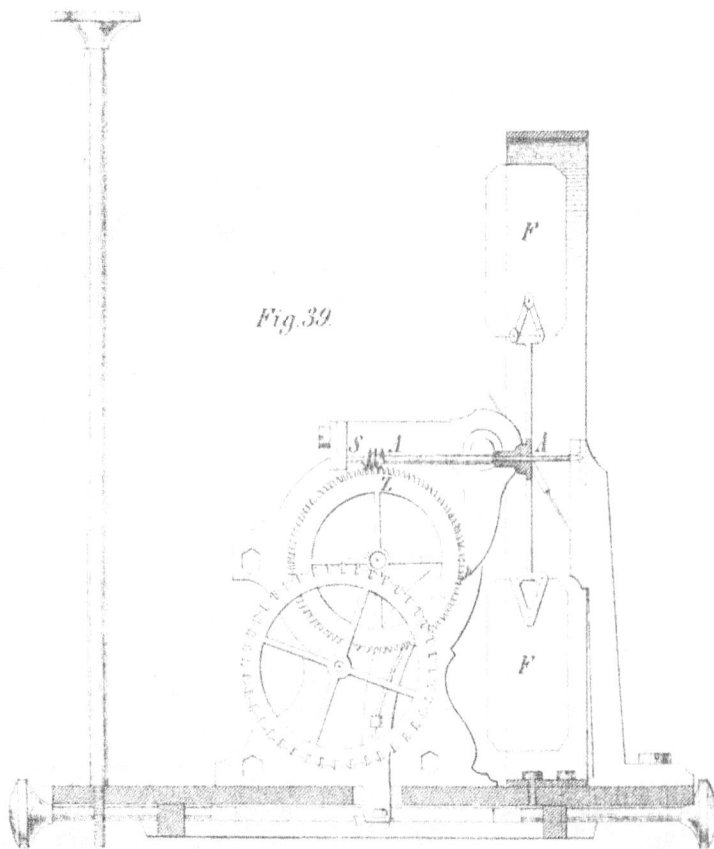

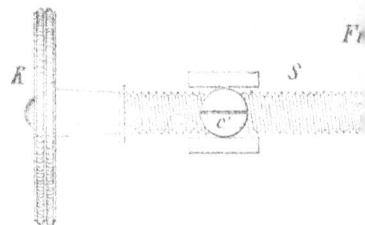

*Fig. 46.*

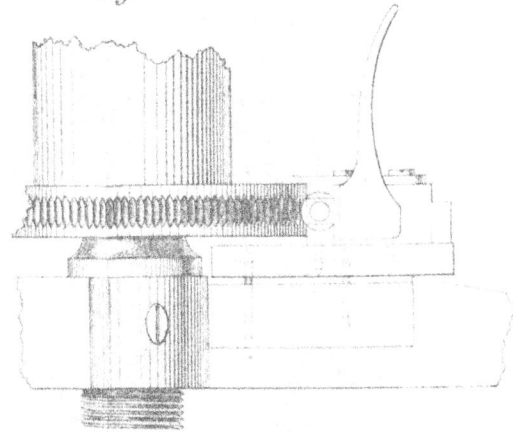

*Fig. 52.*

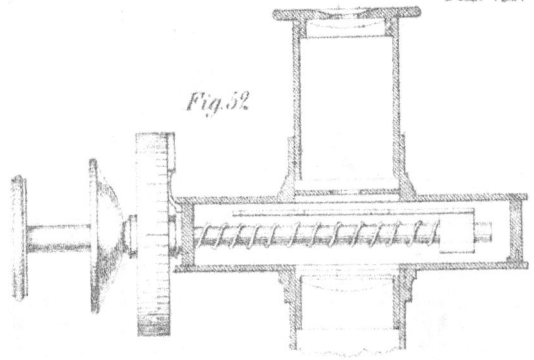

*Fig. 48.*

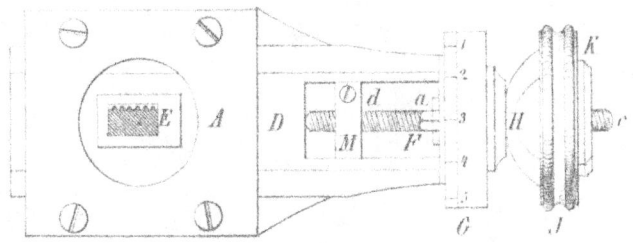

*Fig. 53.*

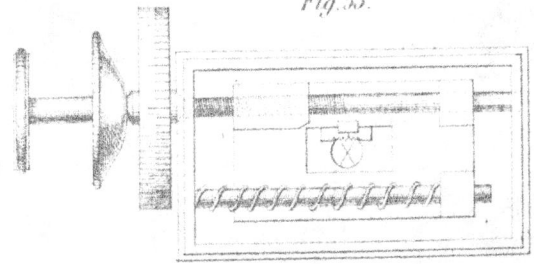

*Fig. 47.*

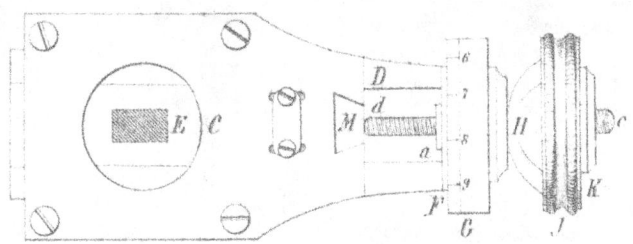

*Fig. 54.*

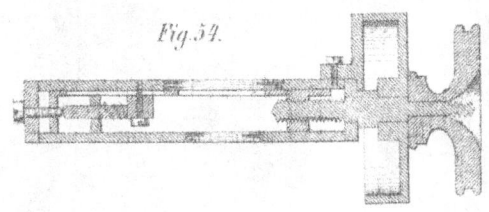

*Fig. 50.*

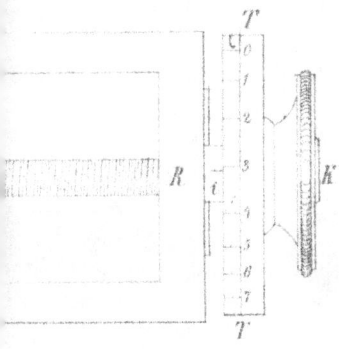

*Fig. 31.*

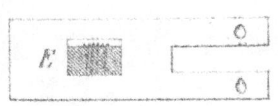

*Fig. 55.*

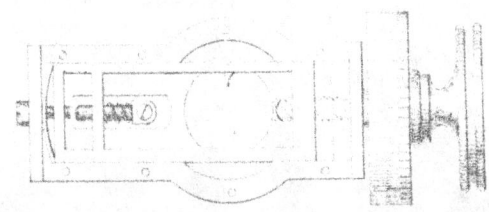

Fig 1. A.

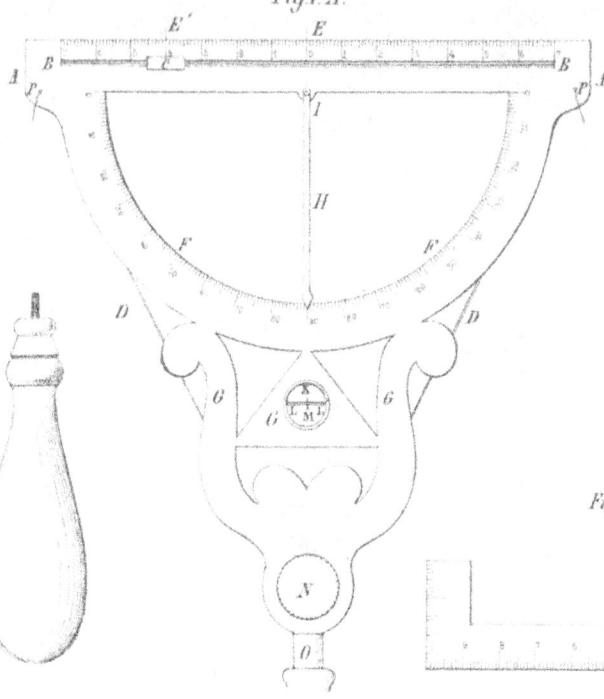

Fig. 2

Fig. 3

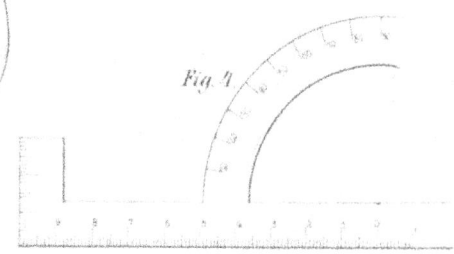

Fig 5. A.

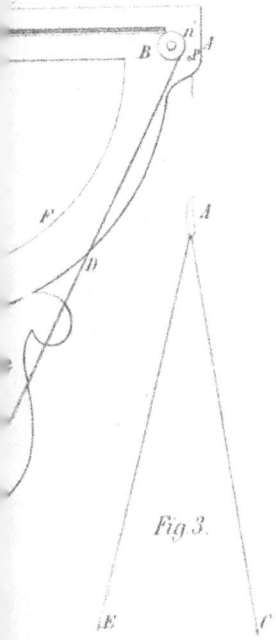

*Fig 5 A*      *Taf.VIII.*

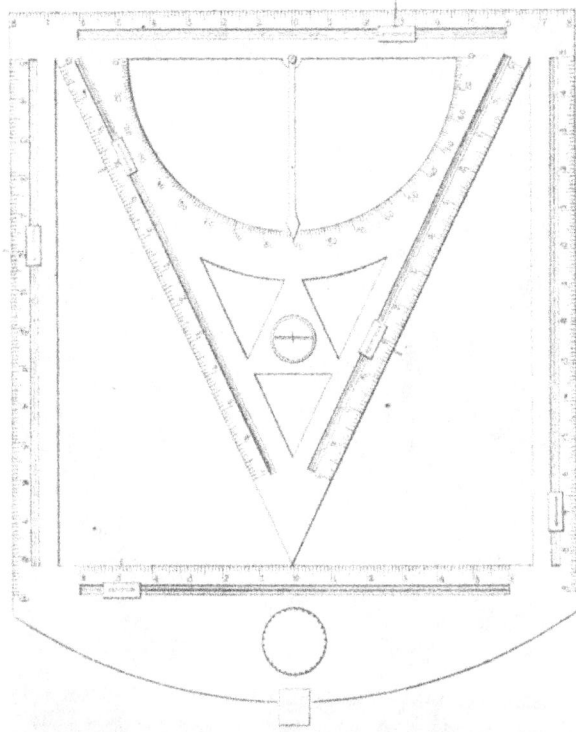

*Fig 3.*

*Fig 6. B*

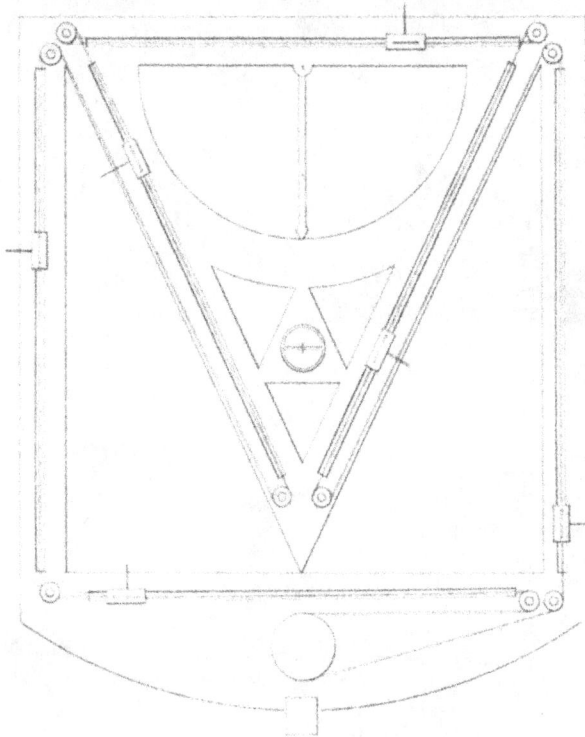

Fig. 2

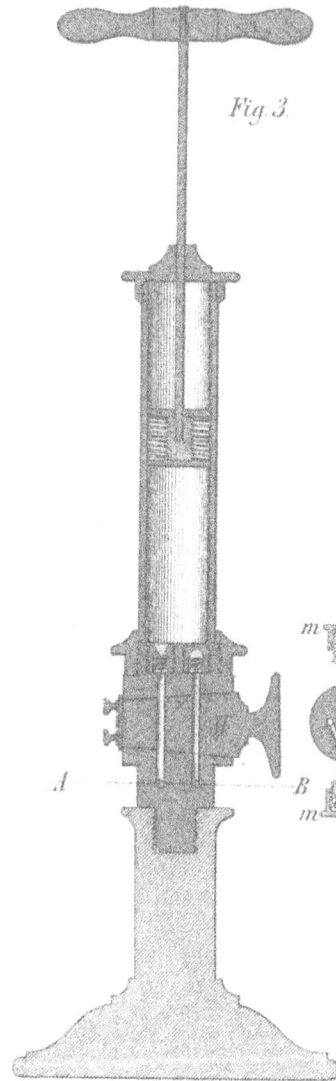

Fig. 3

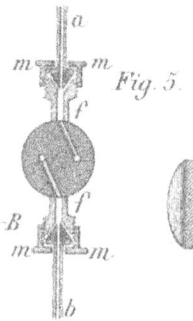

Fig. 5

Fig. 11

Fig. 12

Fig. 13

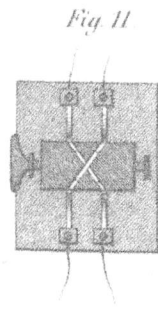

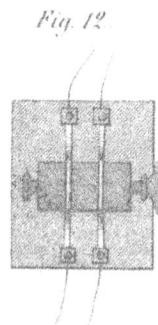

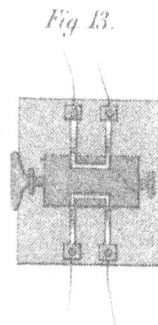

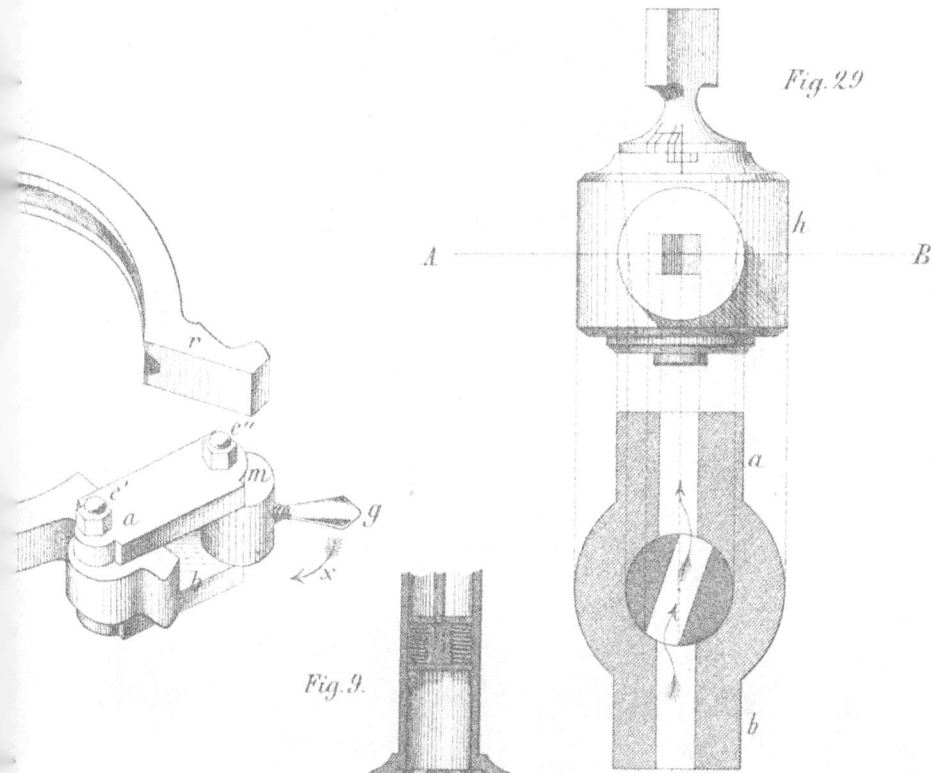

*Fig. 29*

*Schnitt nach AB.*

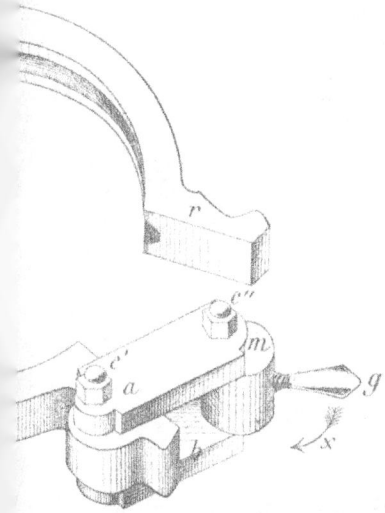

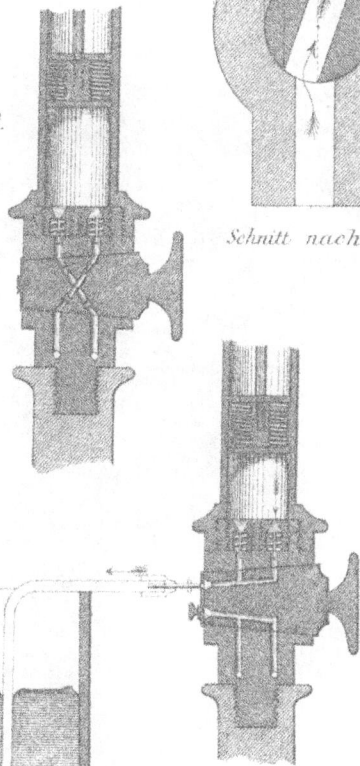

*Fig. 9.*

*Fig. 10.*

Zu der Abhandlung von Krist: Regnault's Apparate etc.

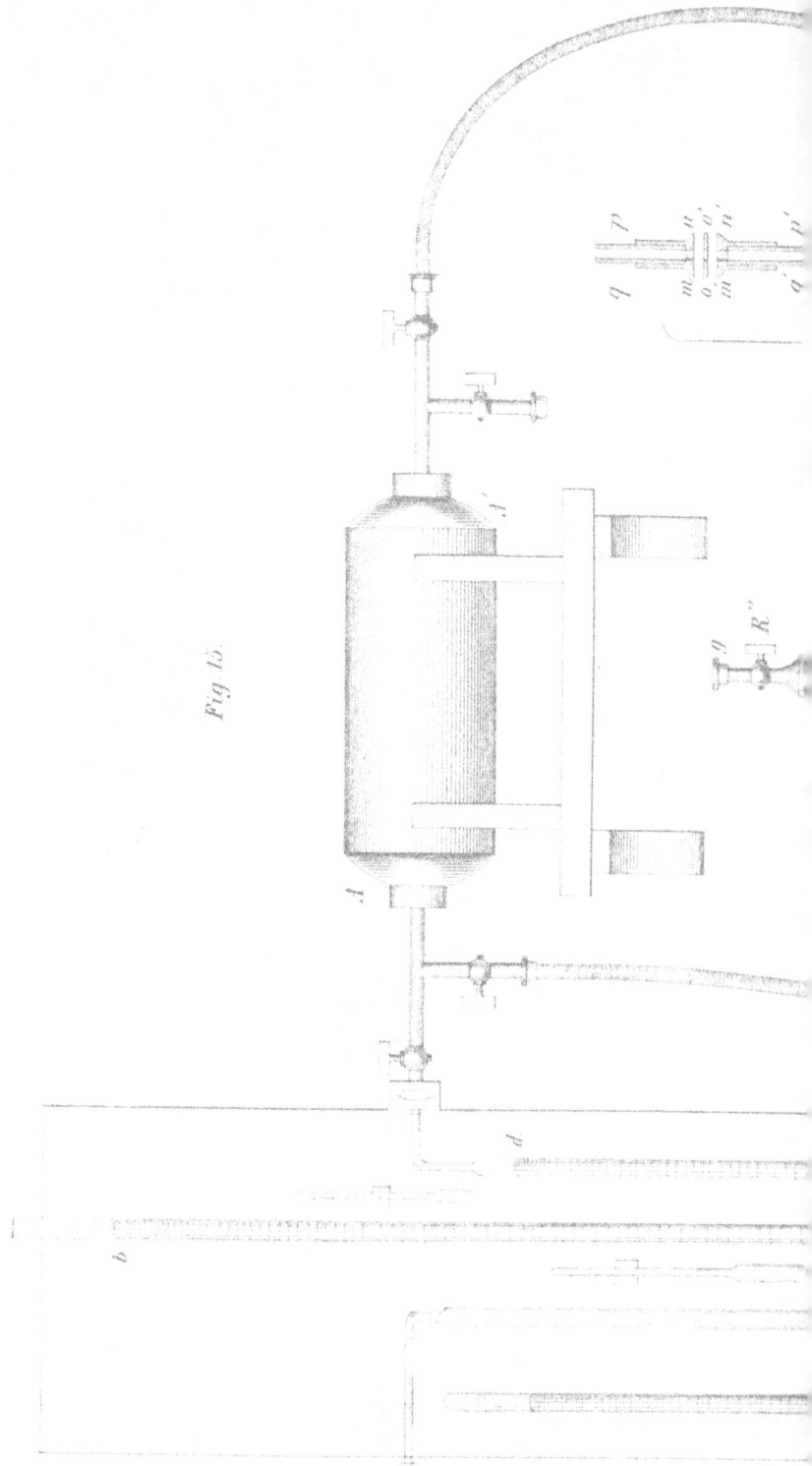

Fig 15.

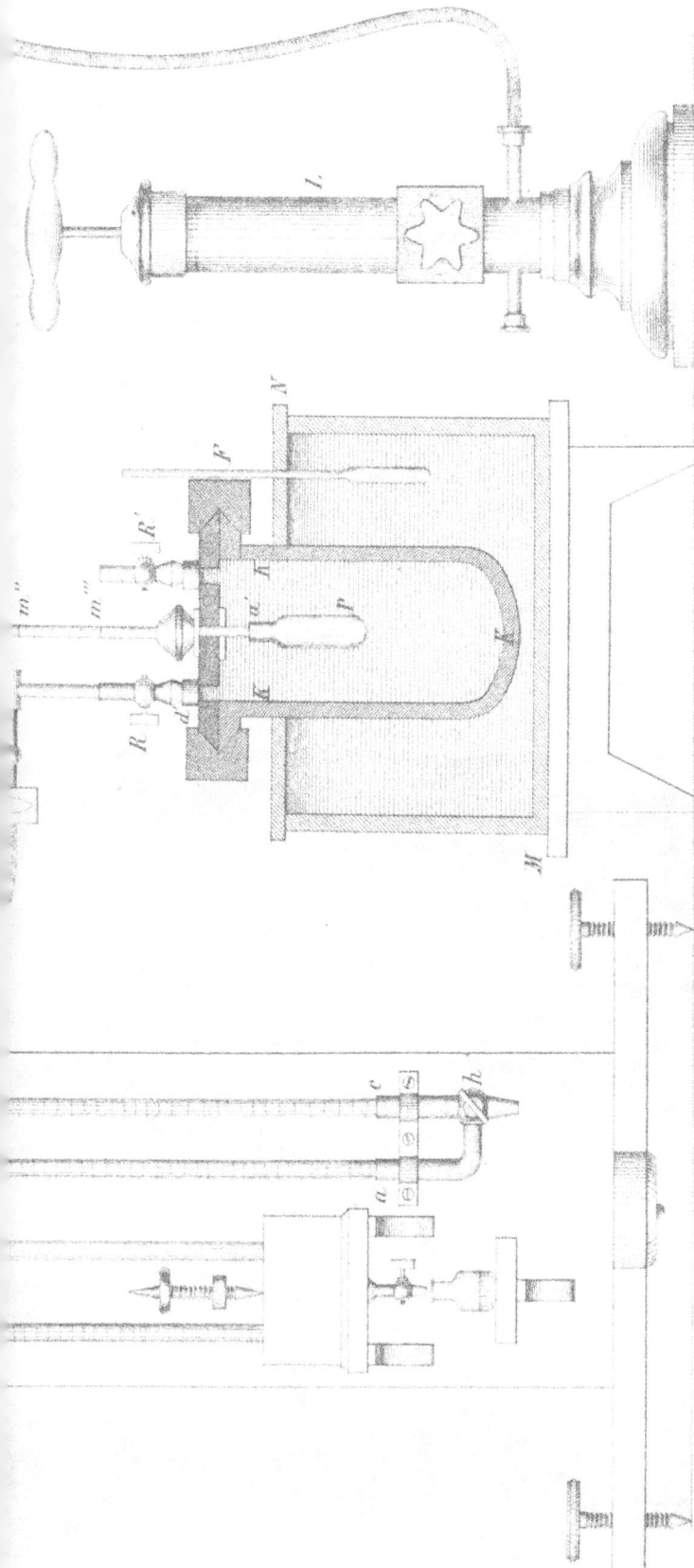

Zu der Abhandlung von Krist: Regnault's Apparate etc.

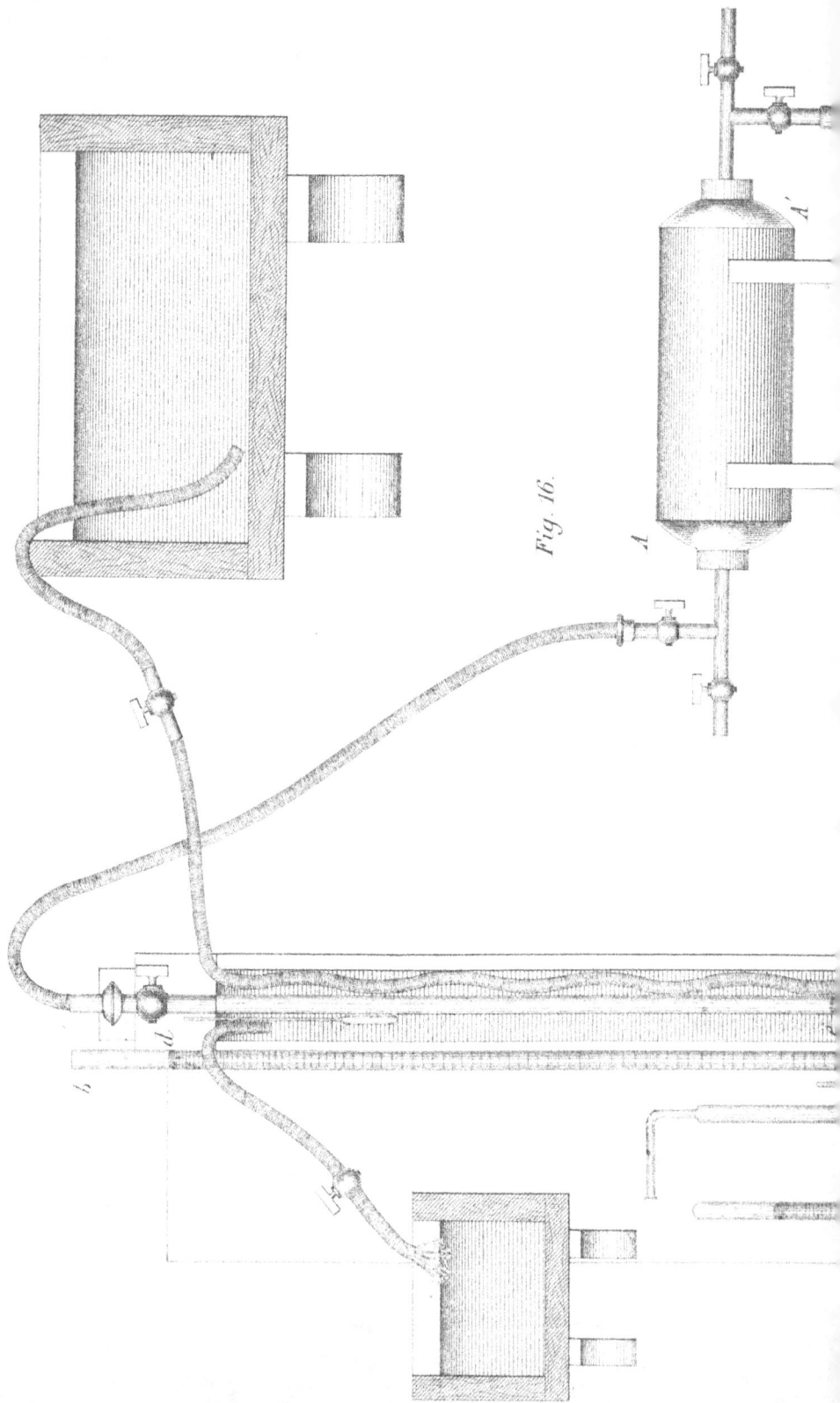

Fig. 16.

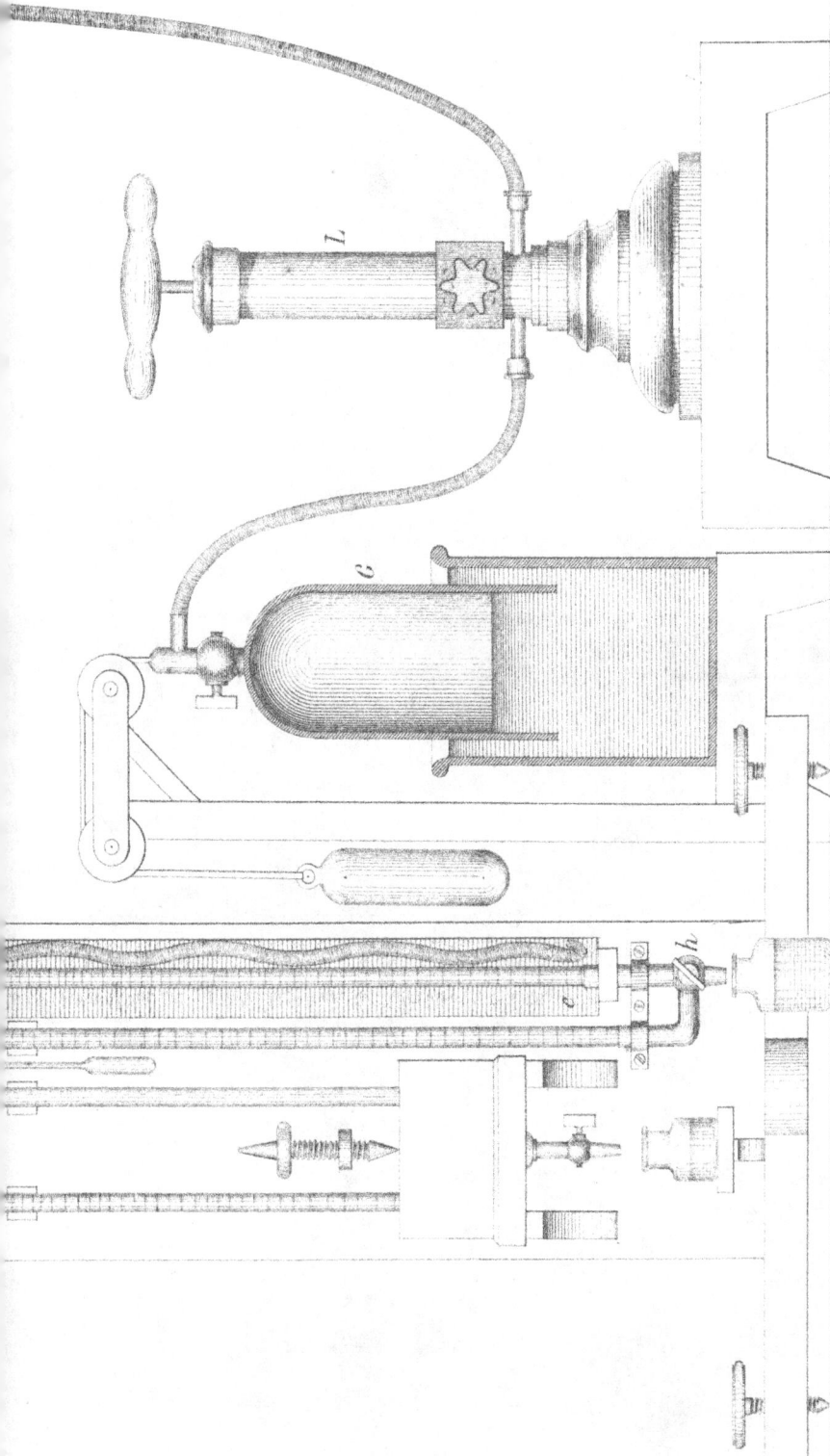

Zu der Abhandlung von Krist: Regnault's Apparate etc.

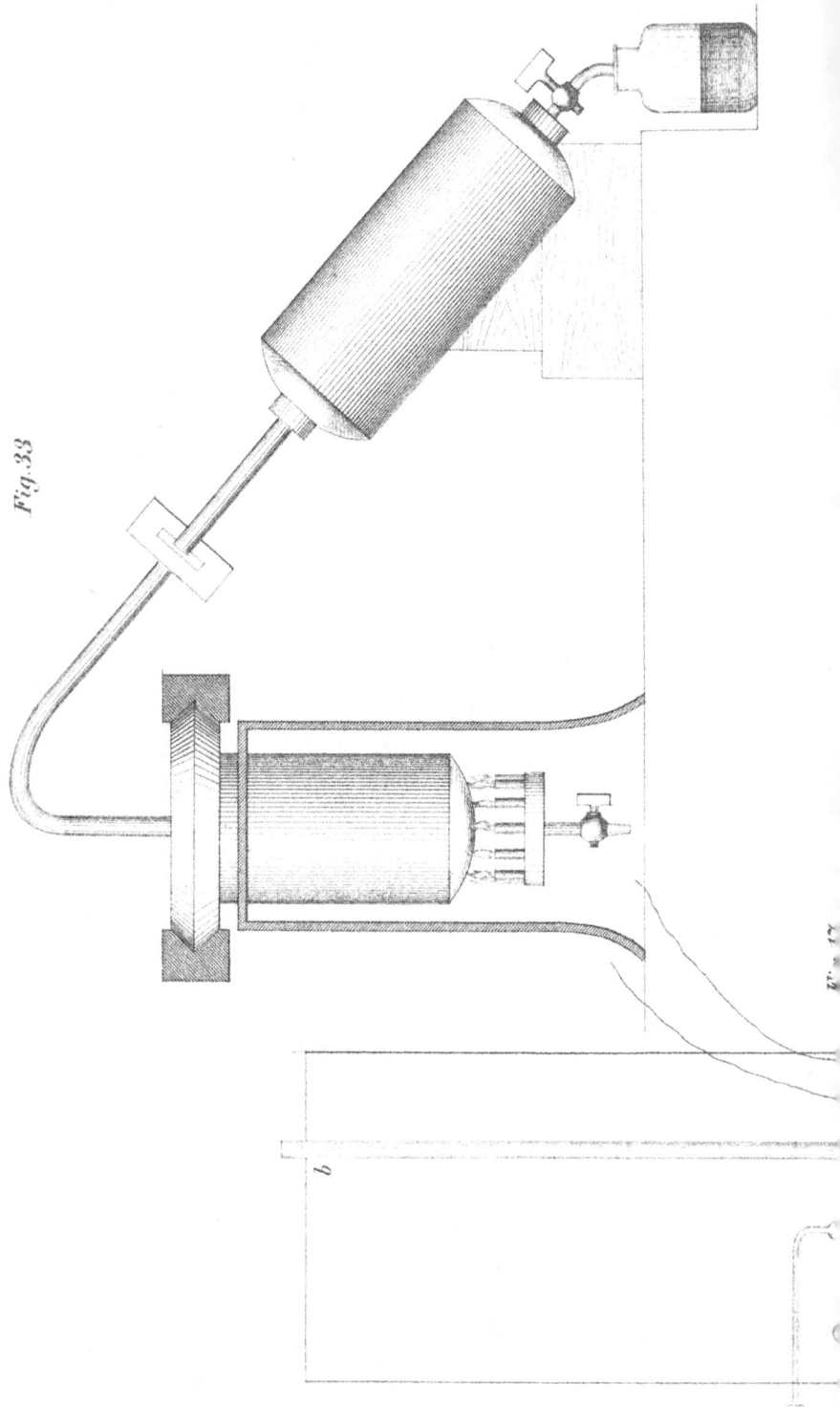

Fig. 33

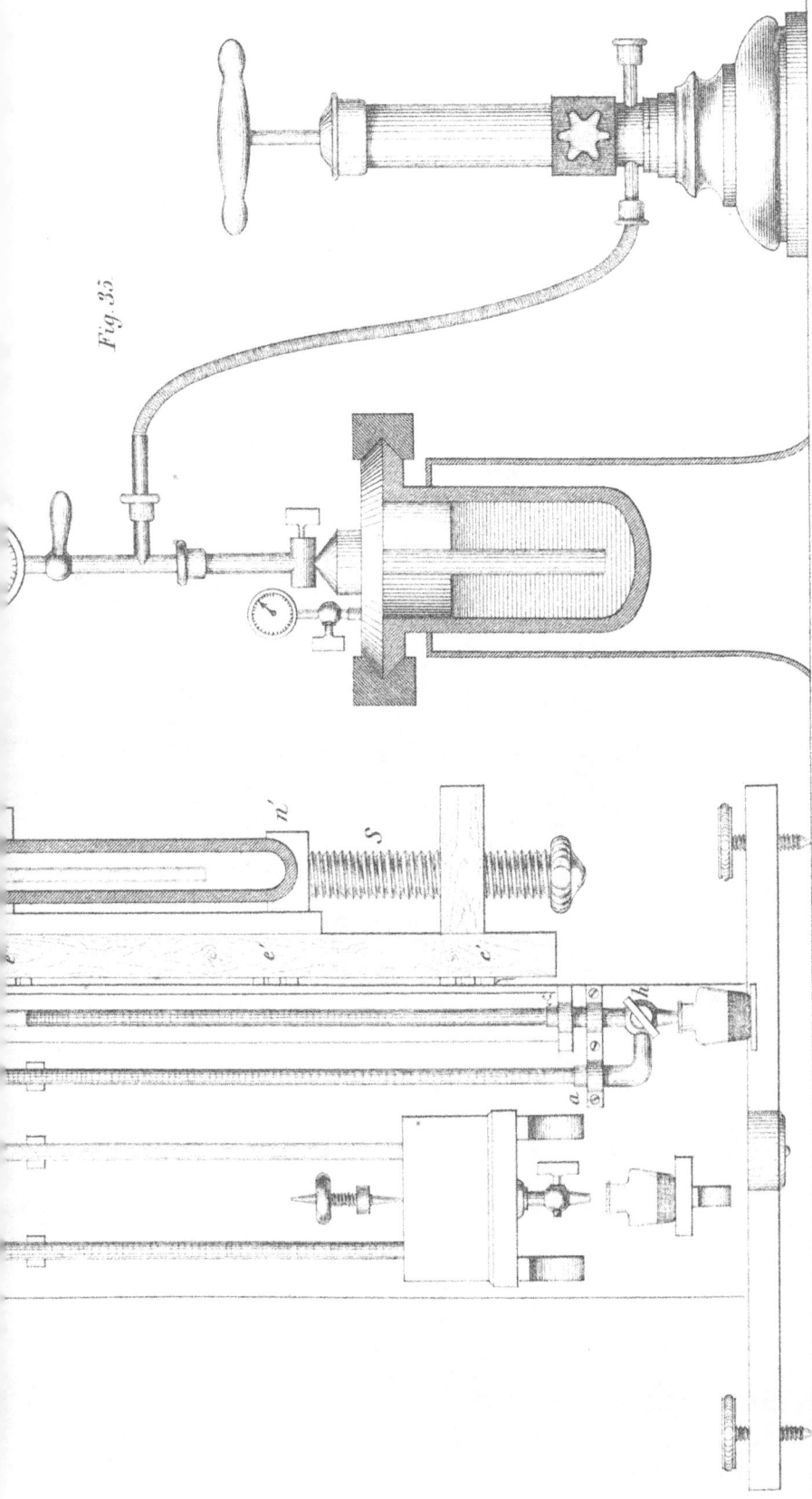

Fig. 35.

n'

S

e'

c'

a

h

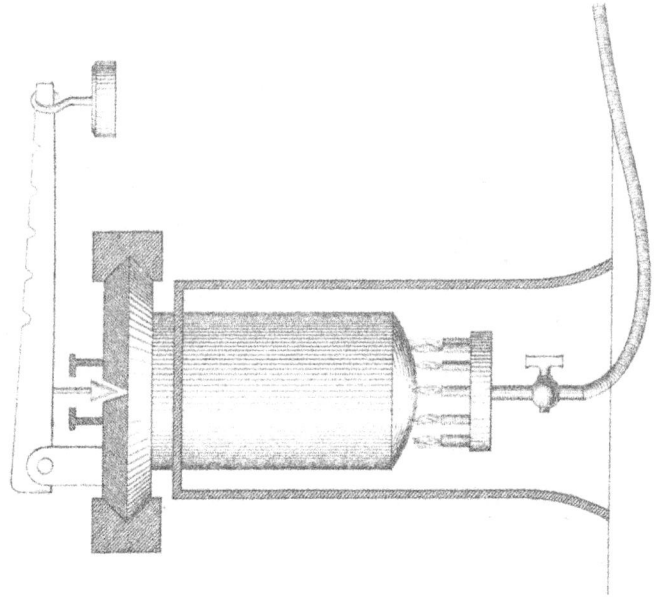

Fig.34.

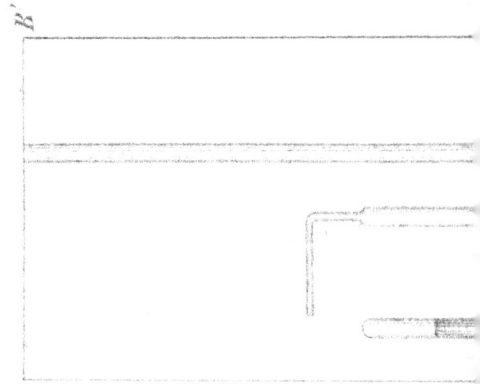

Zu der Abhandlung von Krist. Regnault's Apparate etc.

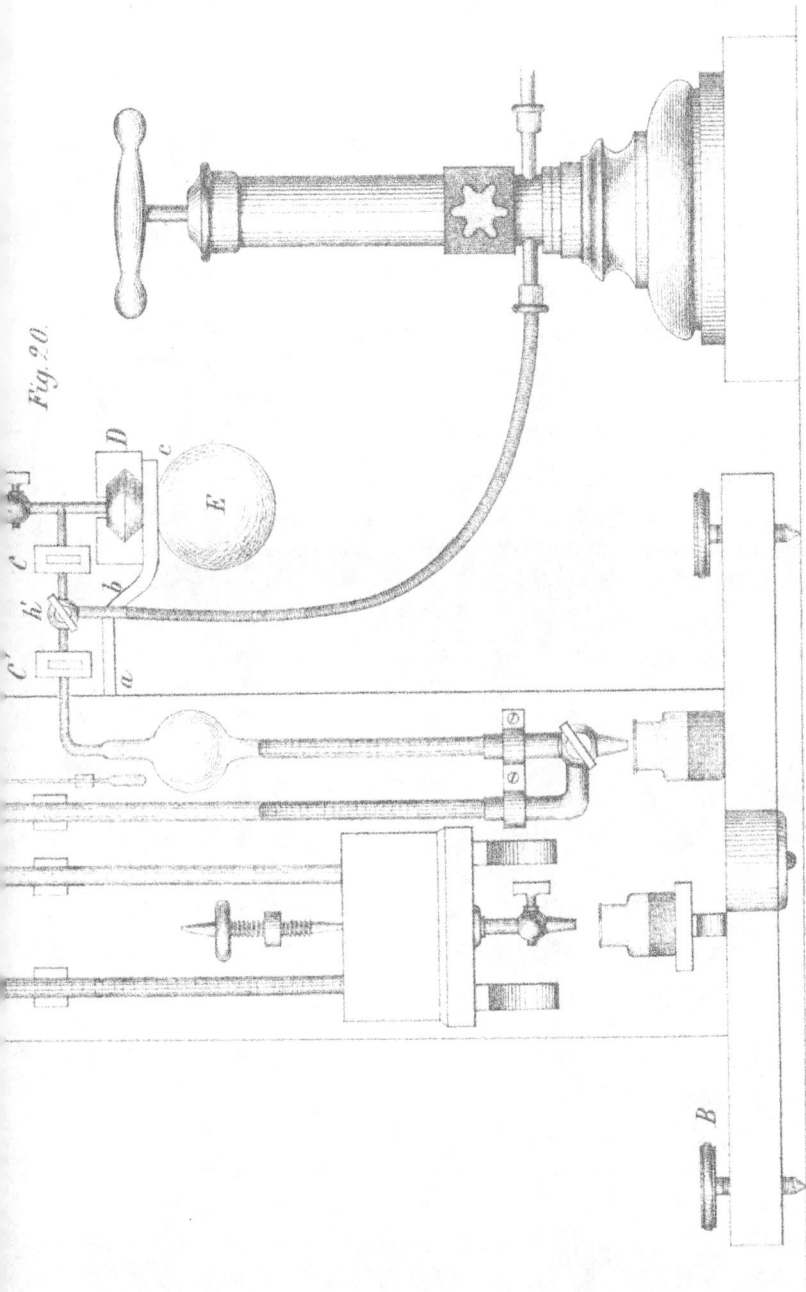

Fig. 20.

Fr. Arldt, Repertorium. II Band.

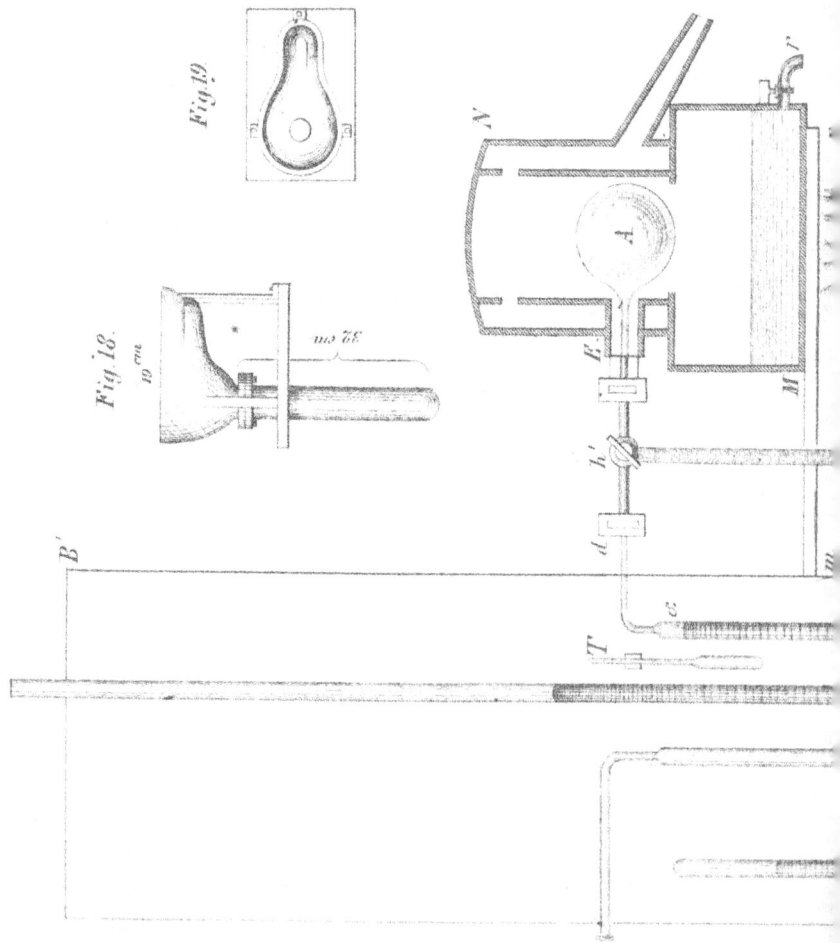

Fig.19.

Fig.18.

32 cm

Fig. 21.

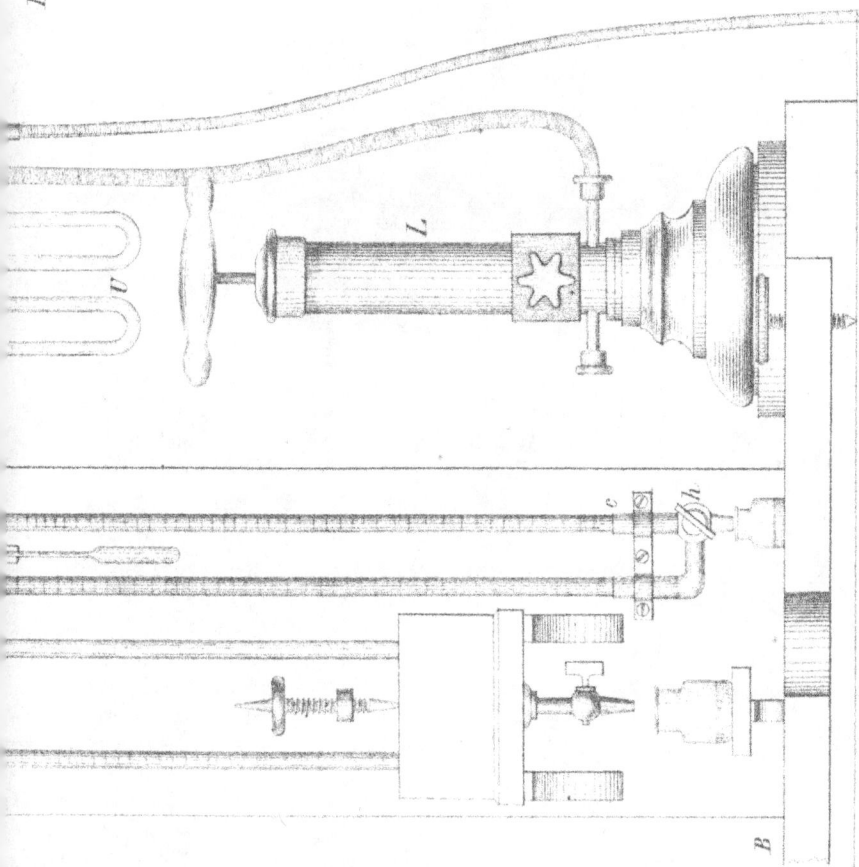

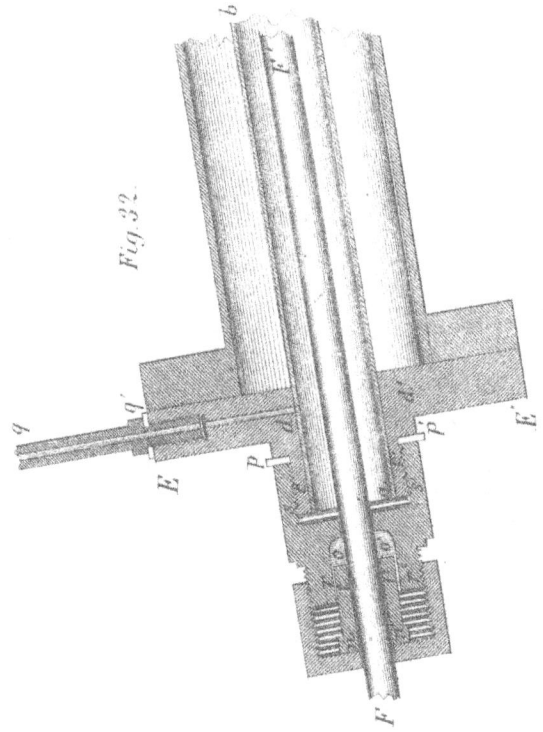

Fig. 32.

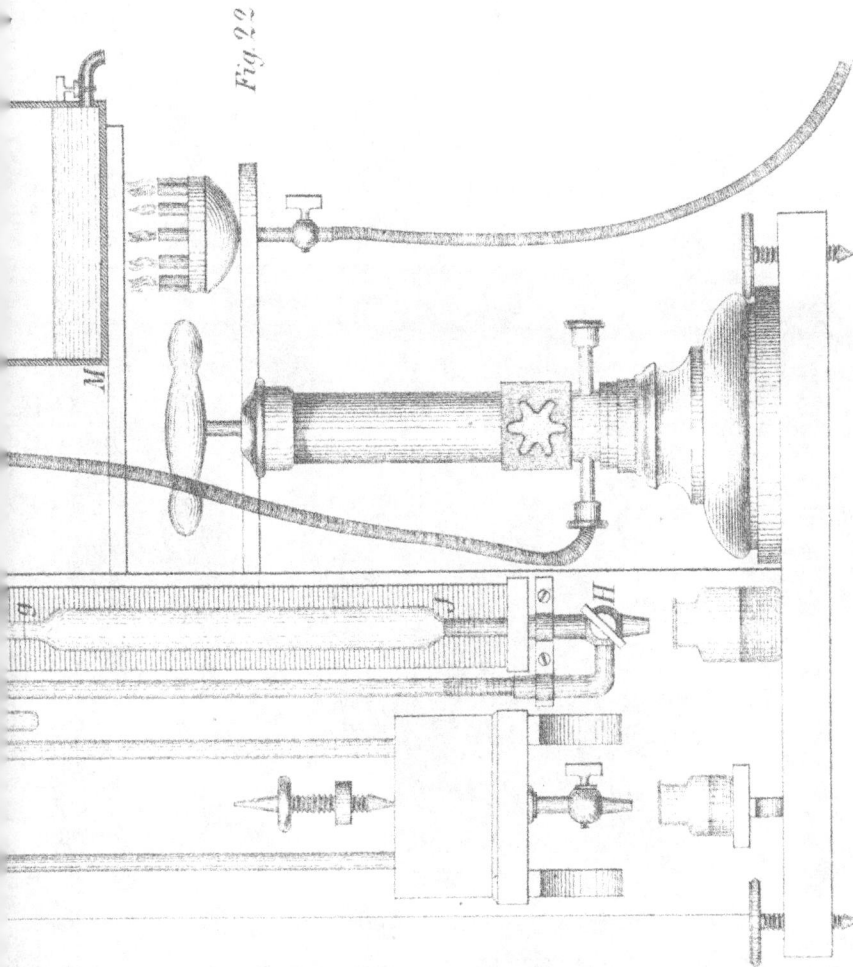

Fig. 22

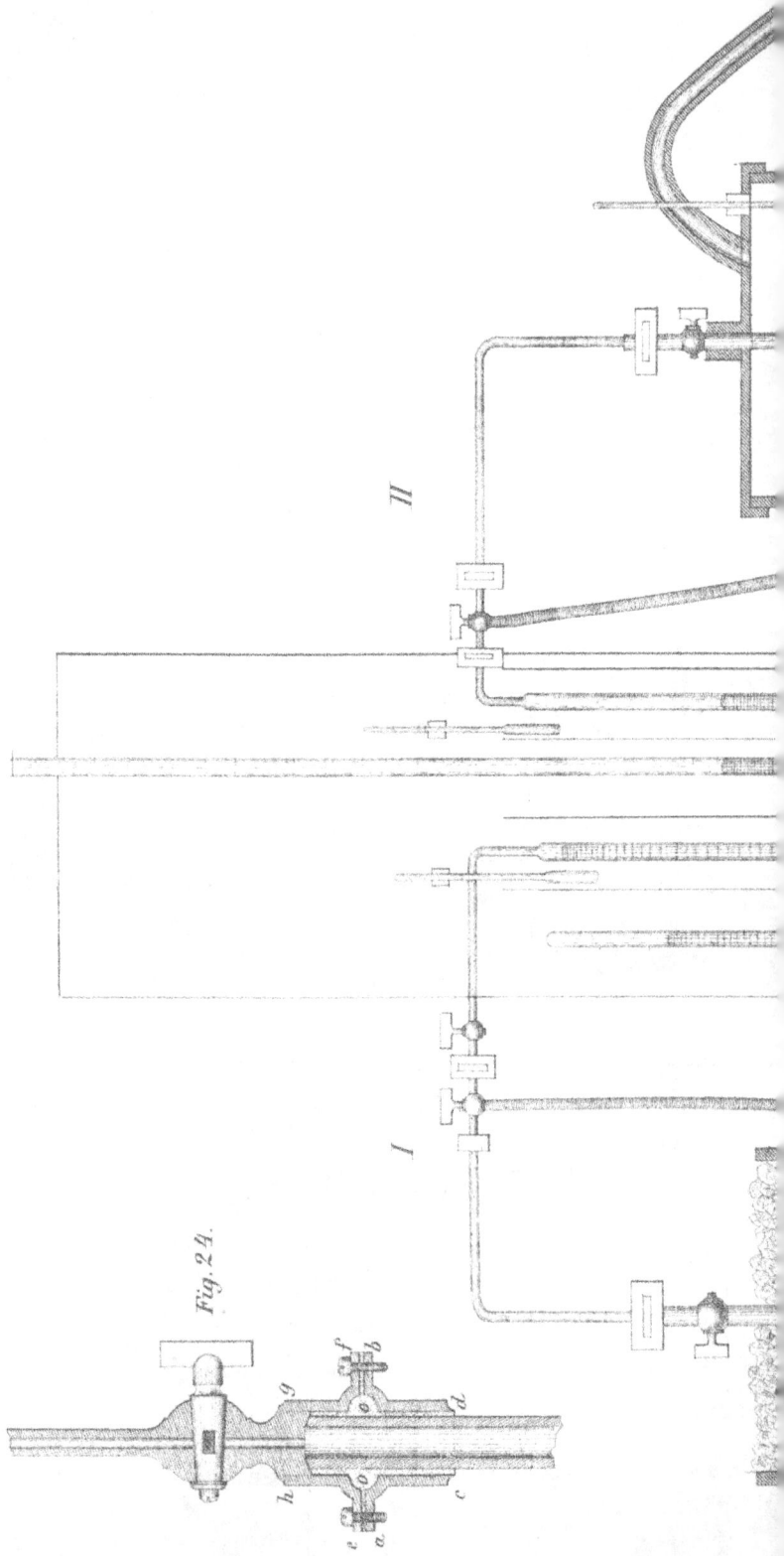

Zu der Abhandlung von Krist. Reǵnault's Apparate etc.

Fig. 23.

Fig. 24.

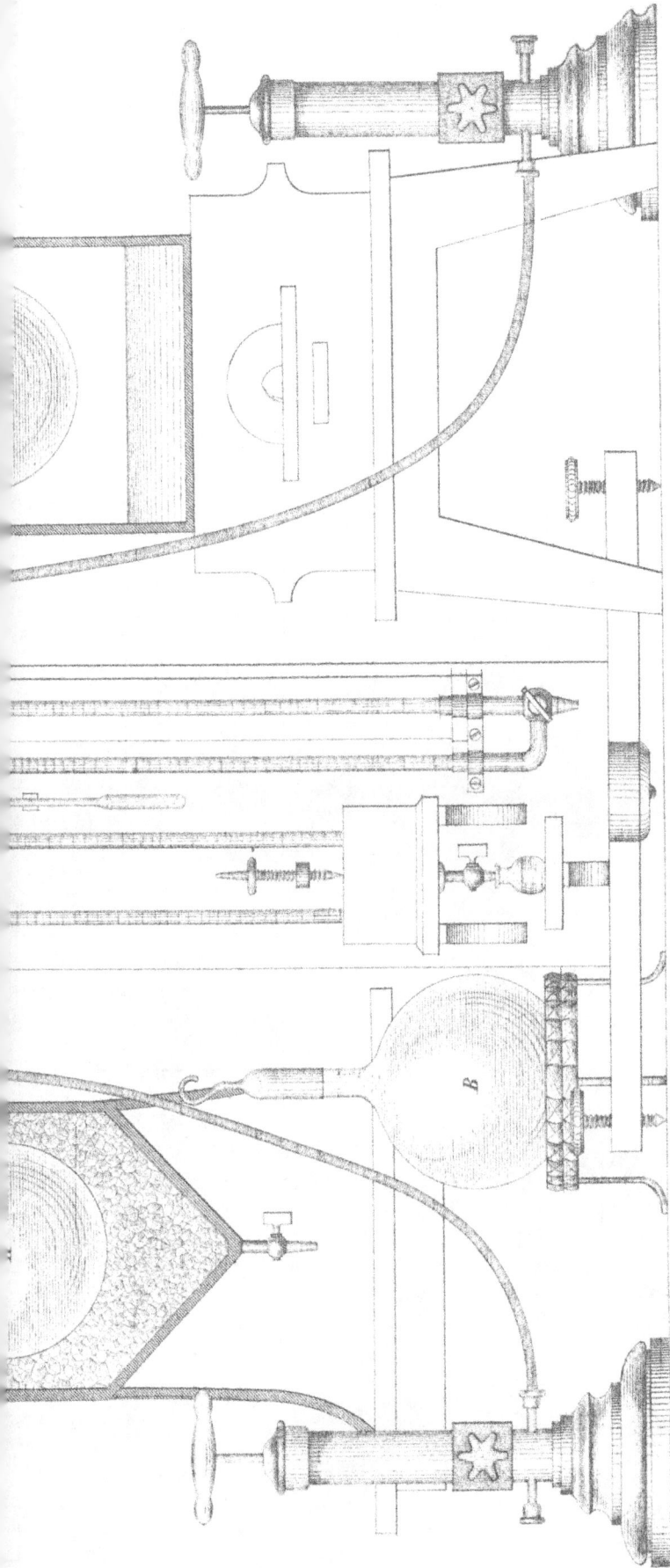

B

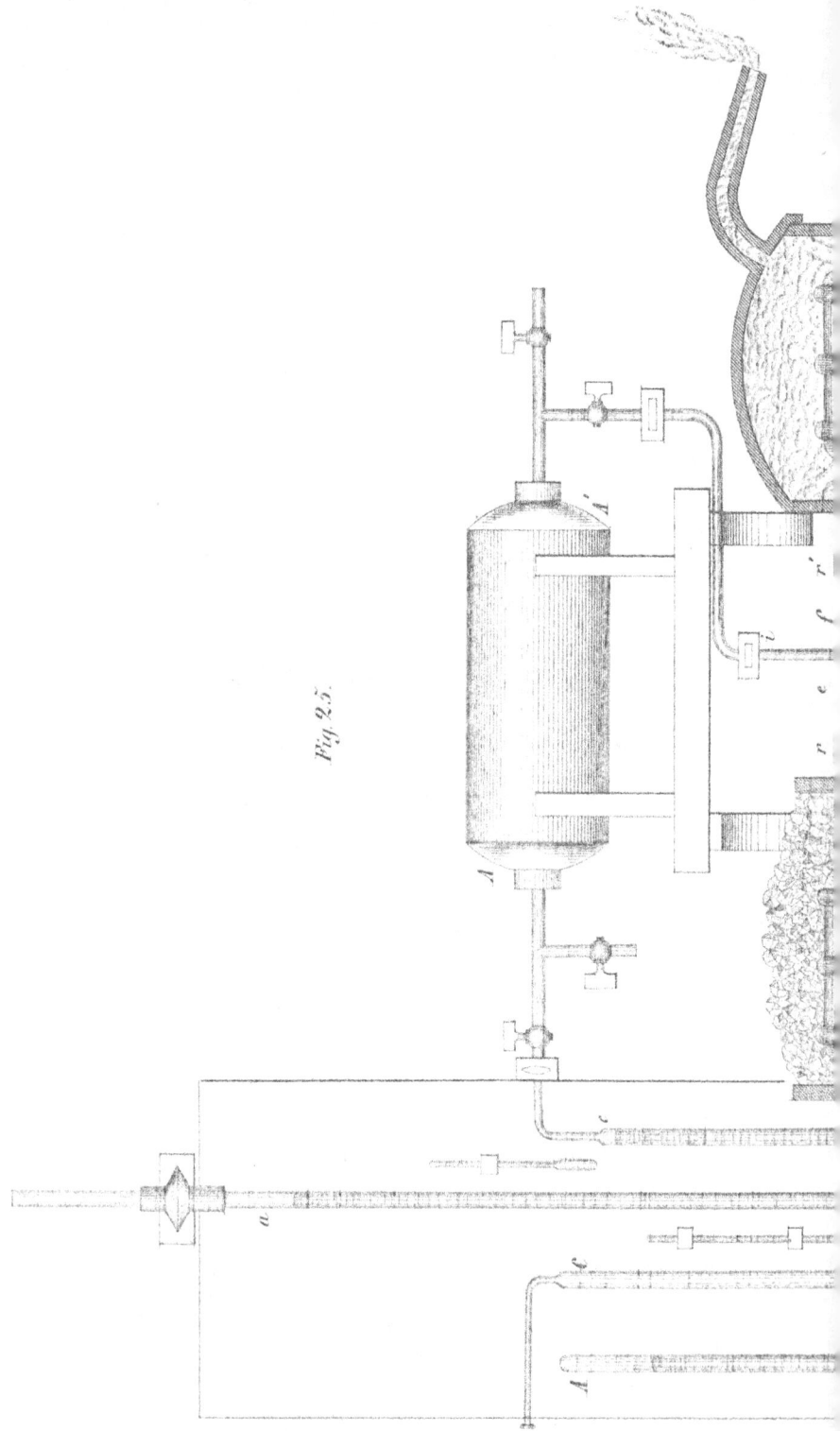

Fig. 25.

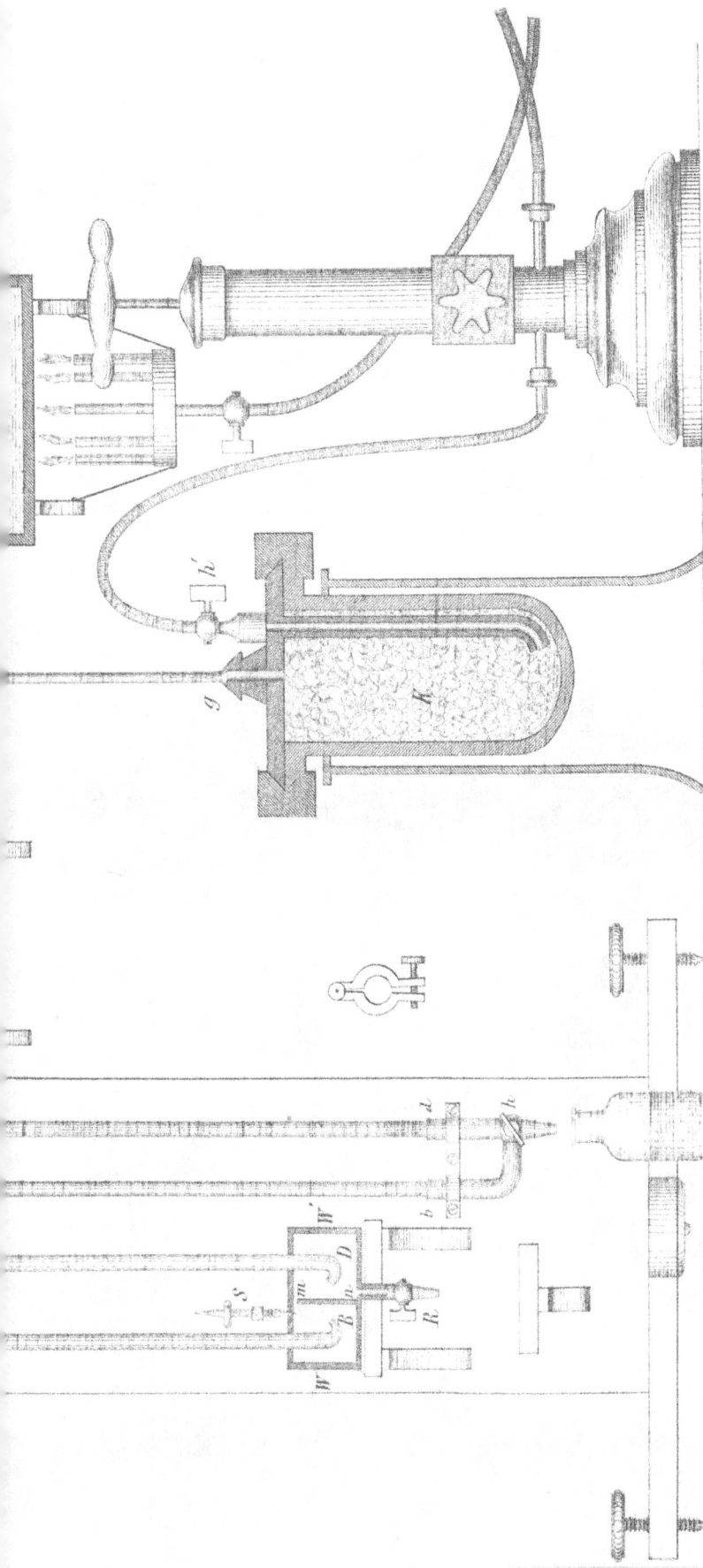

Taf. XVII.

Ph. Carl's Repertorium. II. Band.

Zu der Abhandlung von Krist Regnault's Apparate etc.

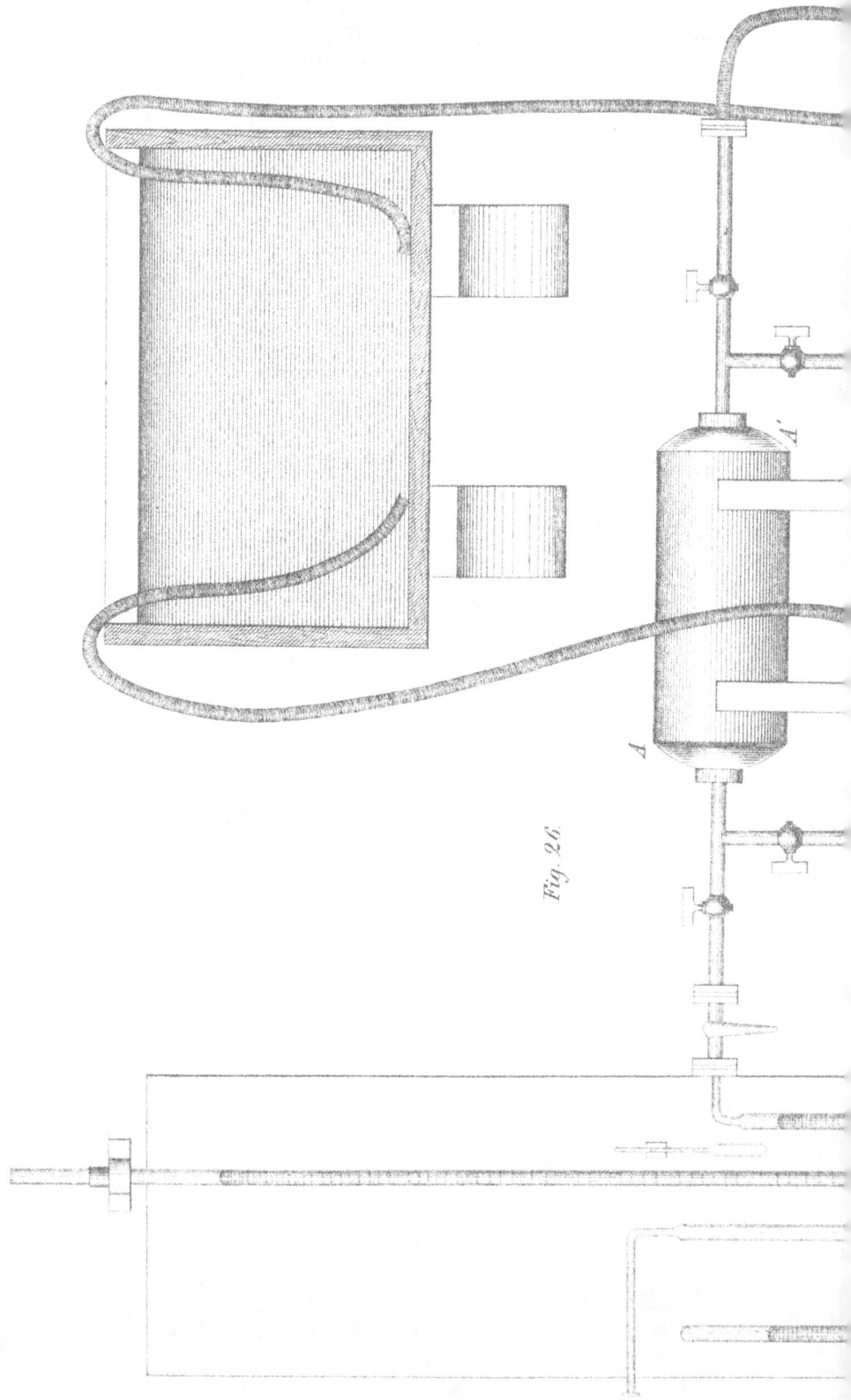

Fig. 26.

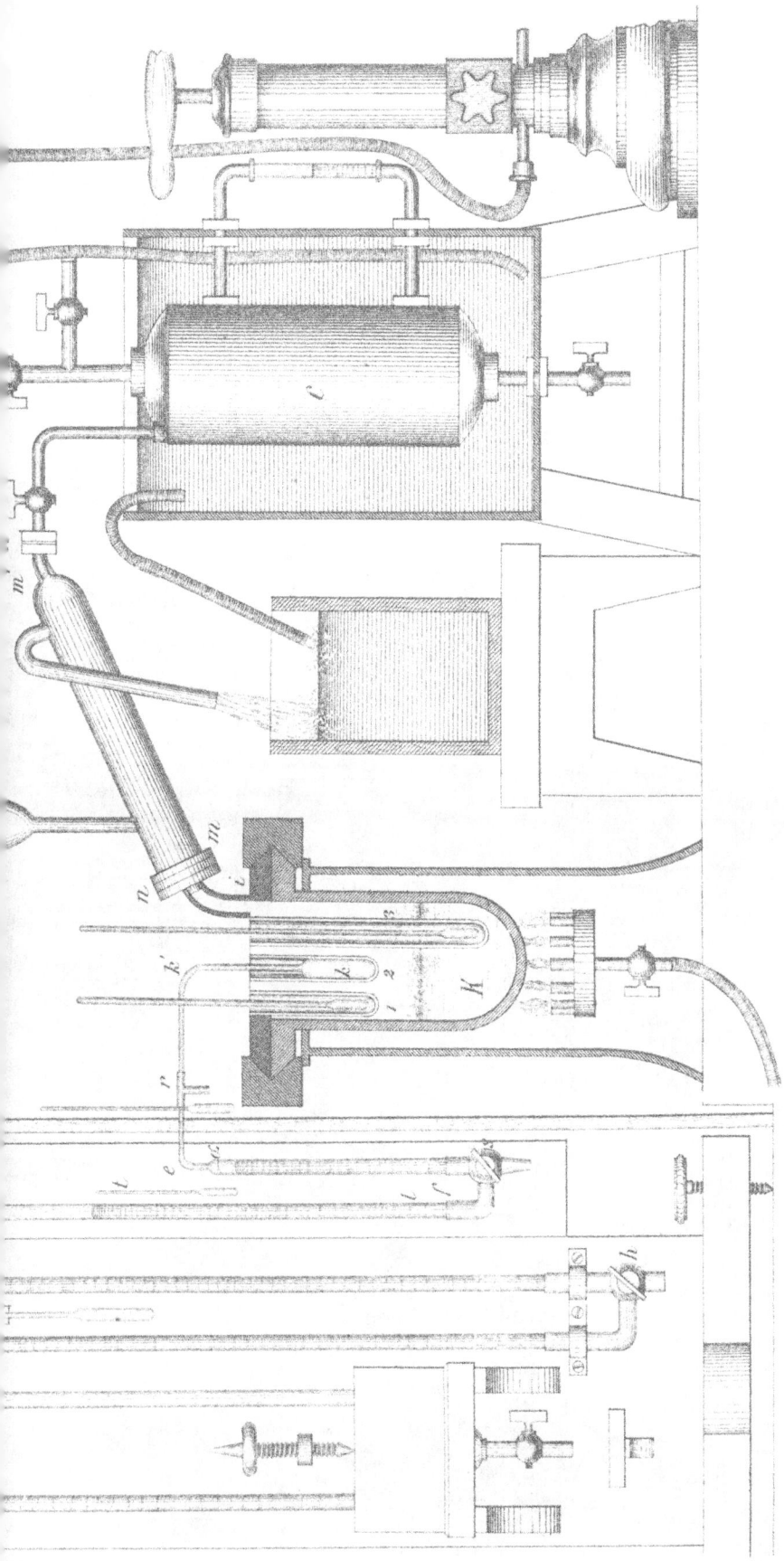

Zu der Abhandlung von Krist: Regnaults Apparate etc.

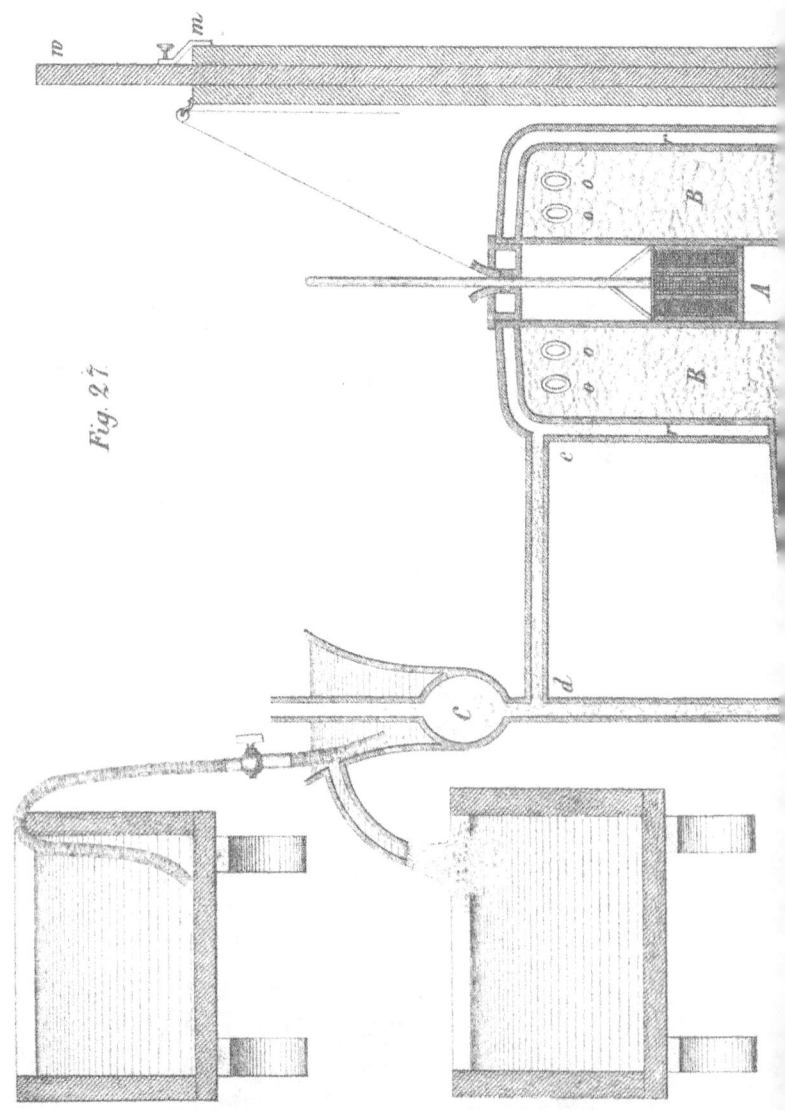

Fig. 27

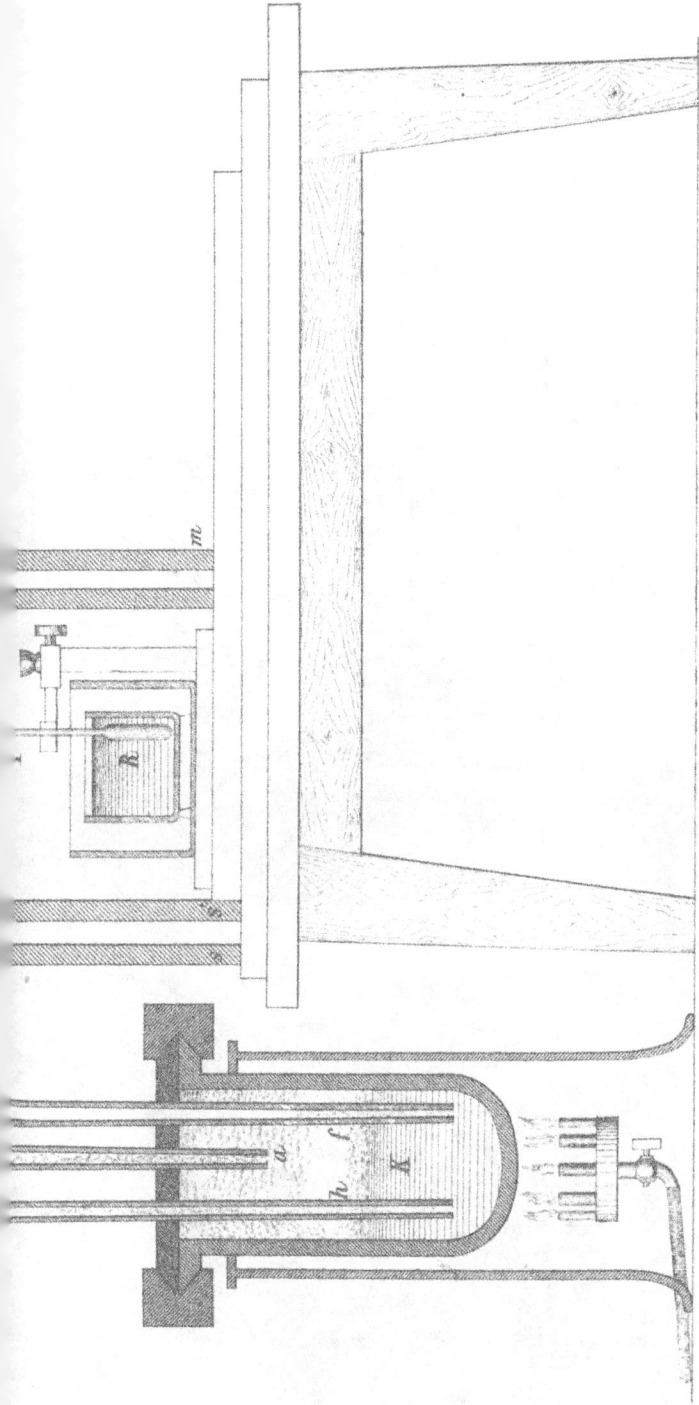

Ph. Carl's Repertorium. II Band.

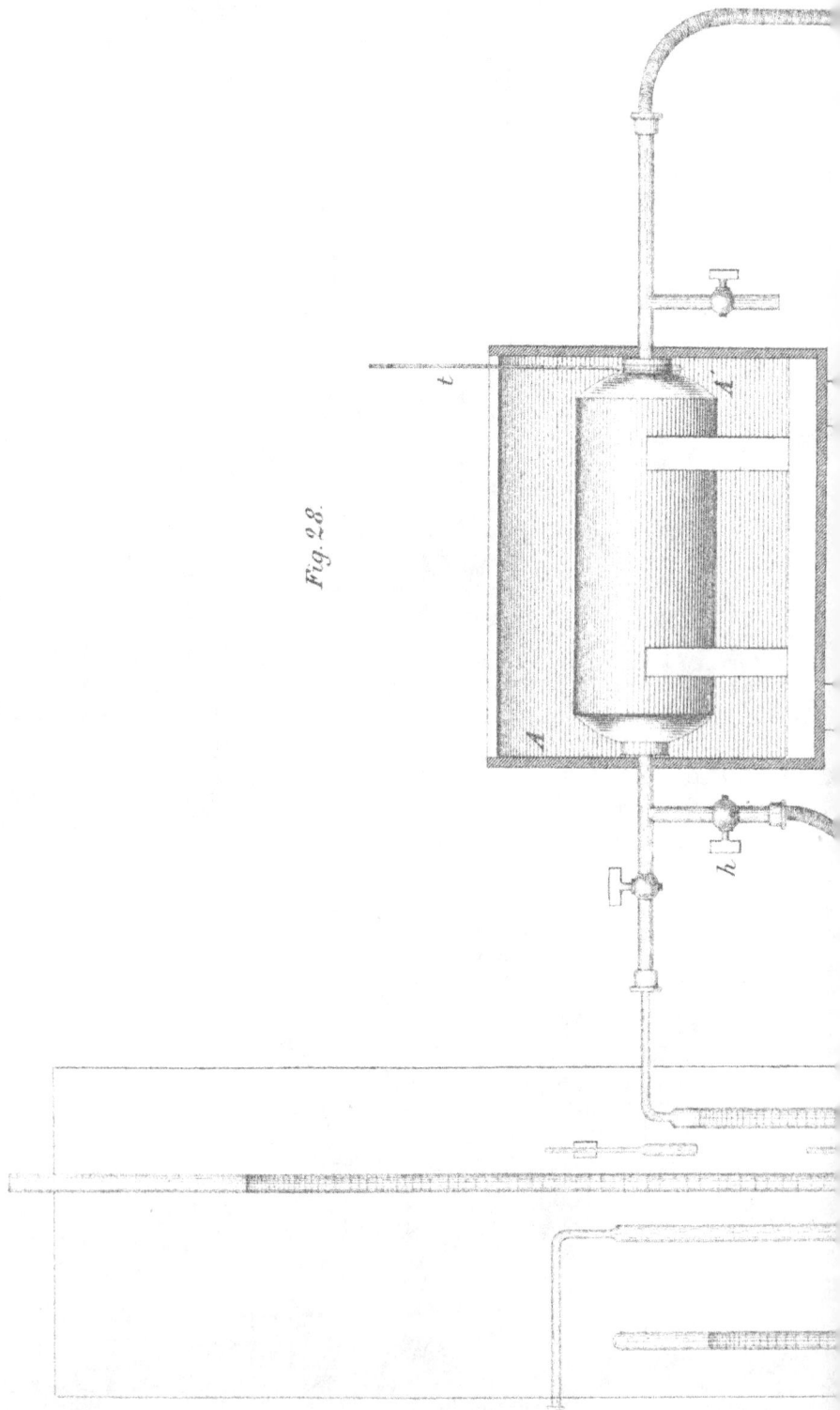

Fig. 28.

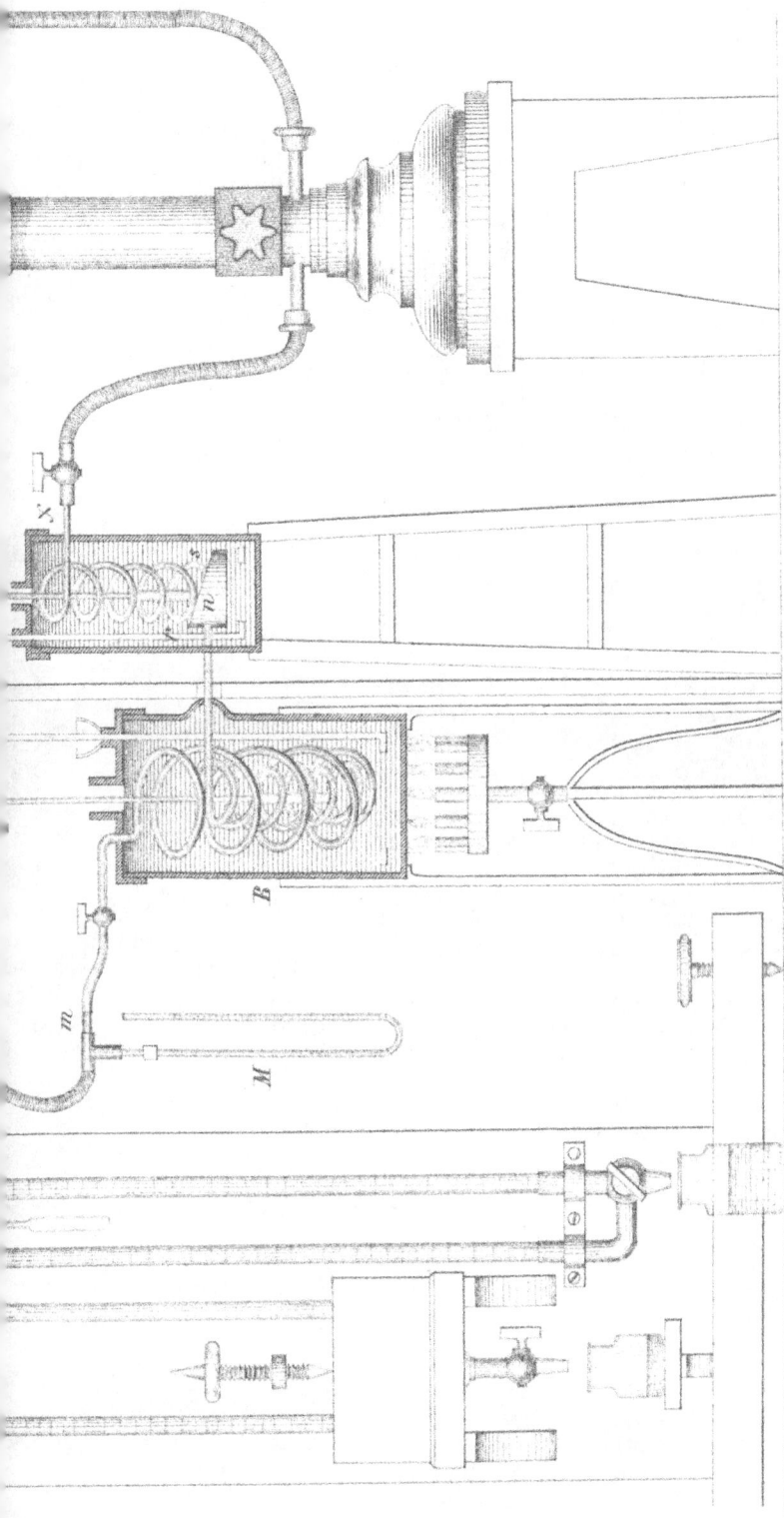

Ph. Carl's Experimpto. H.Bach.

Zu der Abhandlung von Krist: Regnault's Apparate etc.

*Fig.31.*

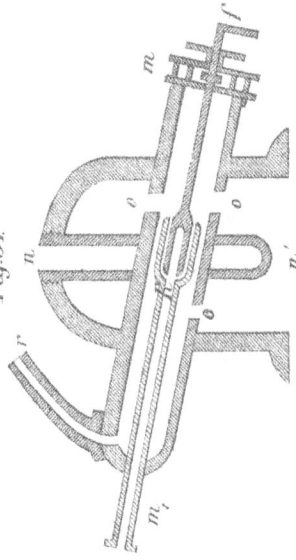

*Fig.30.*

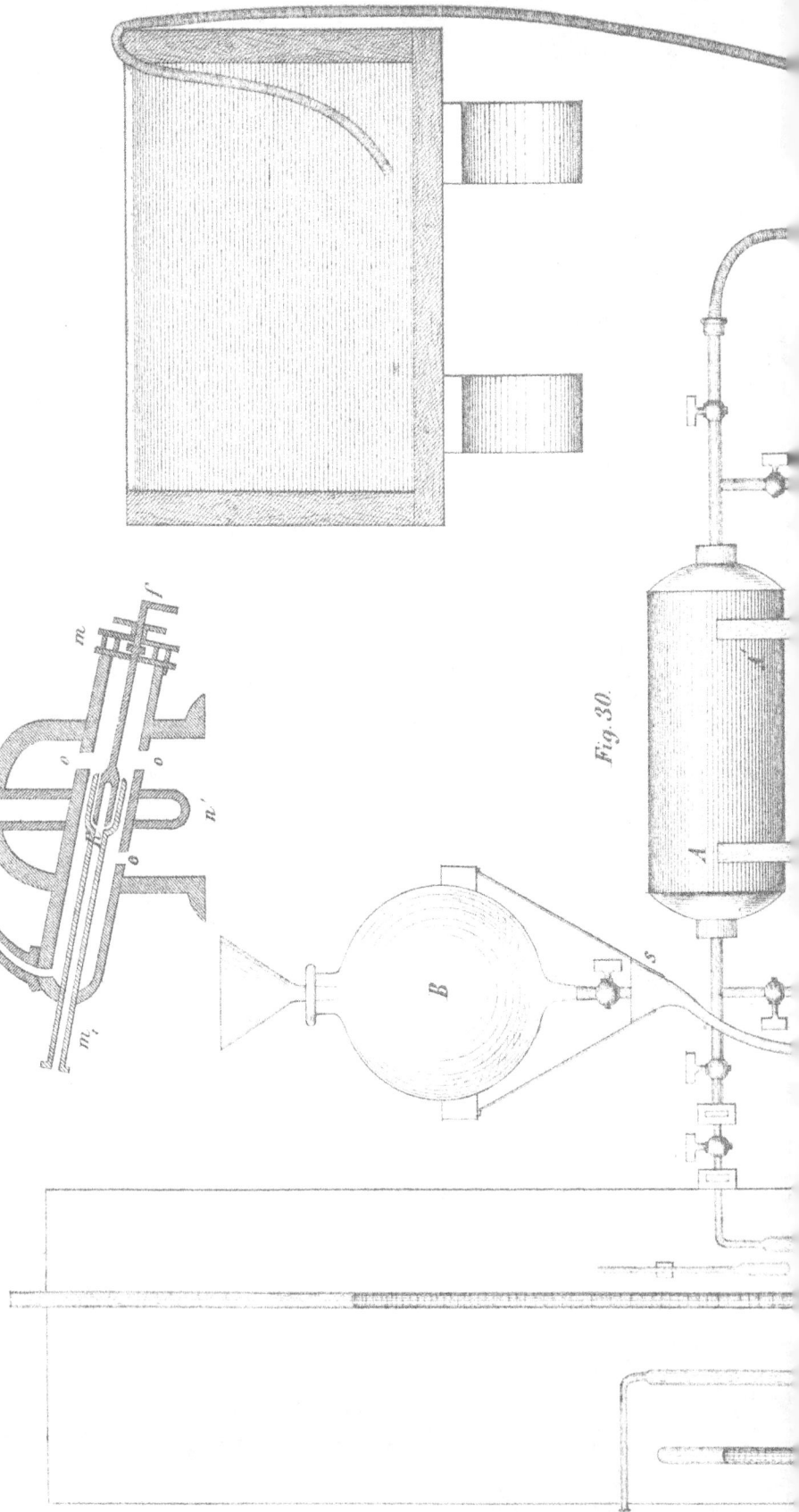

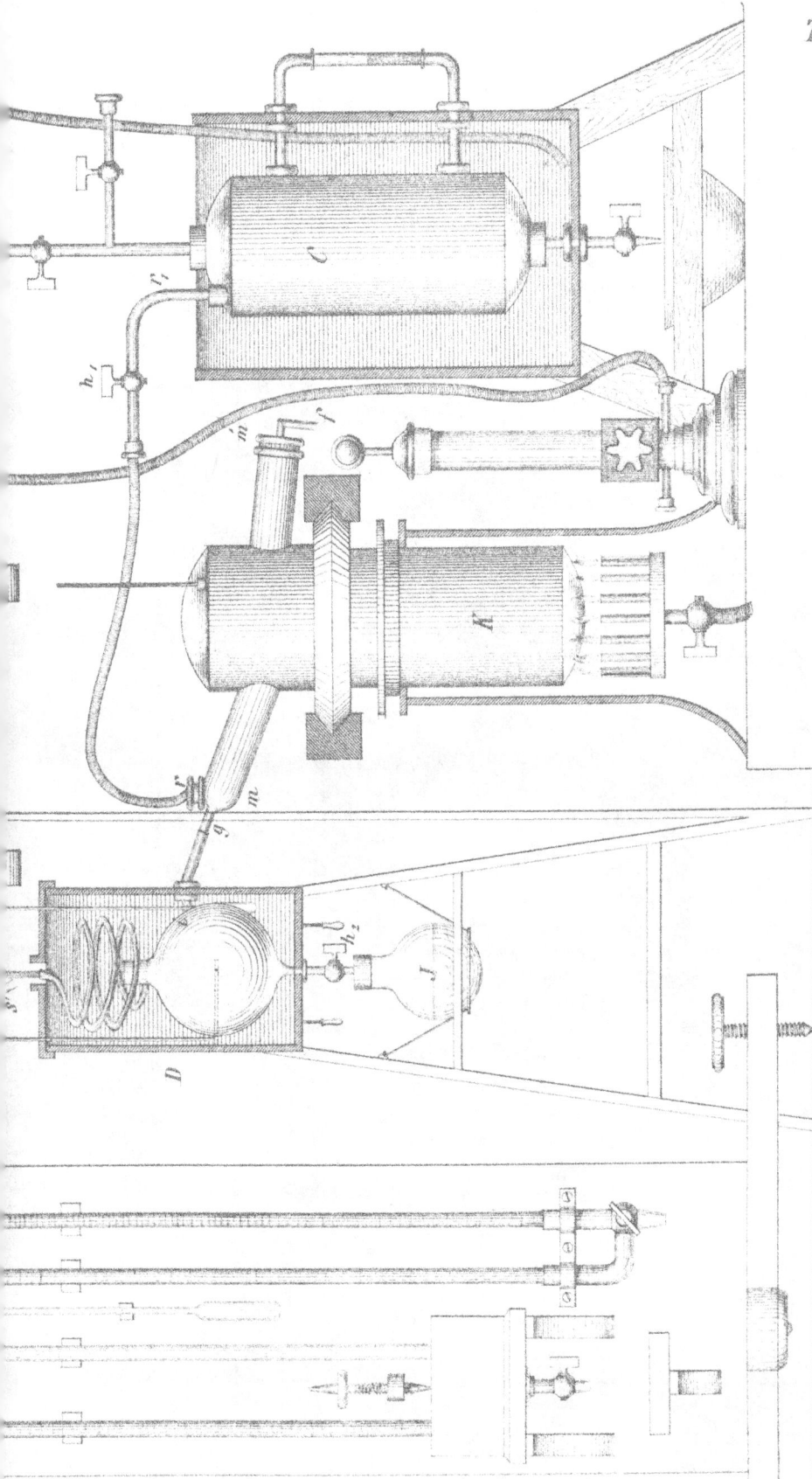

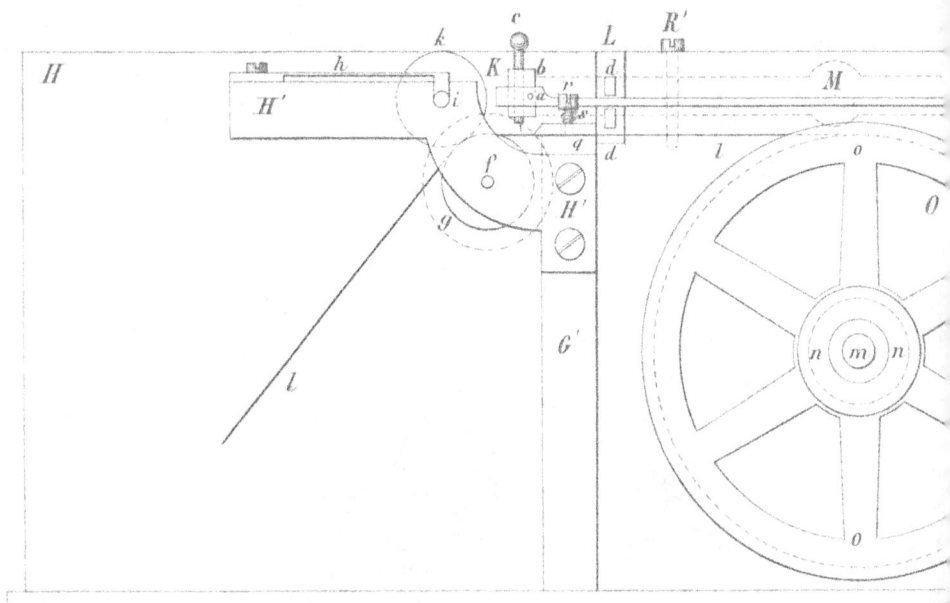

½ nat. Grösse

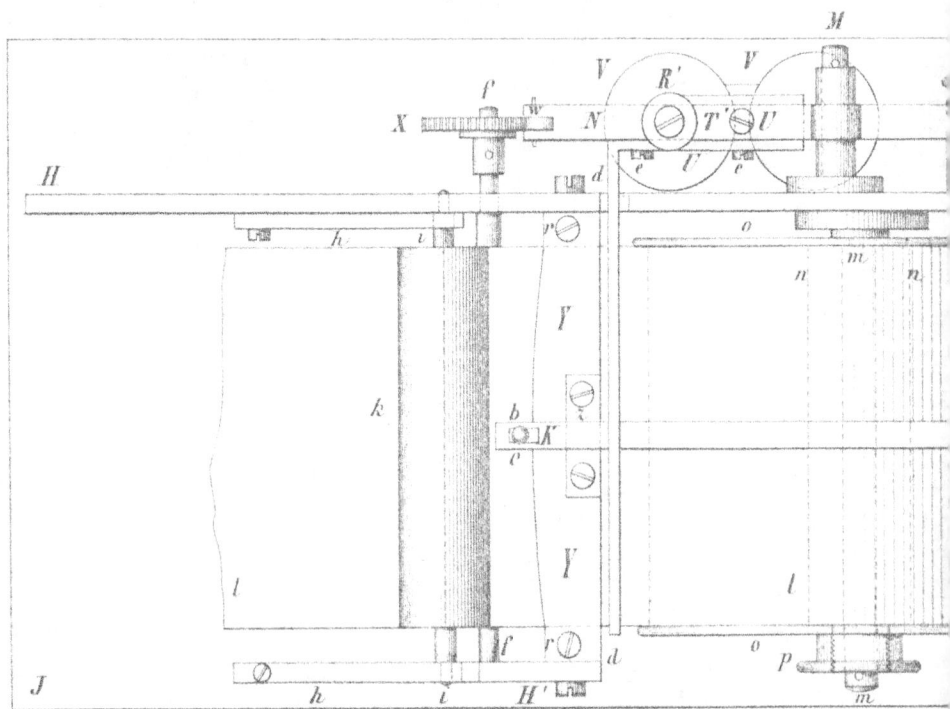

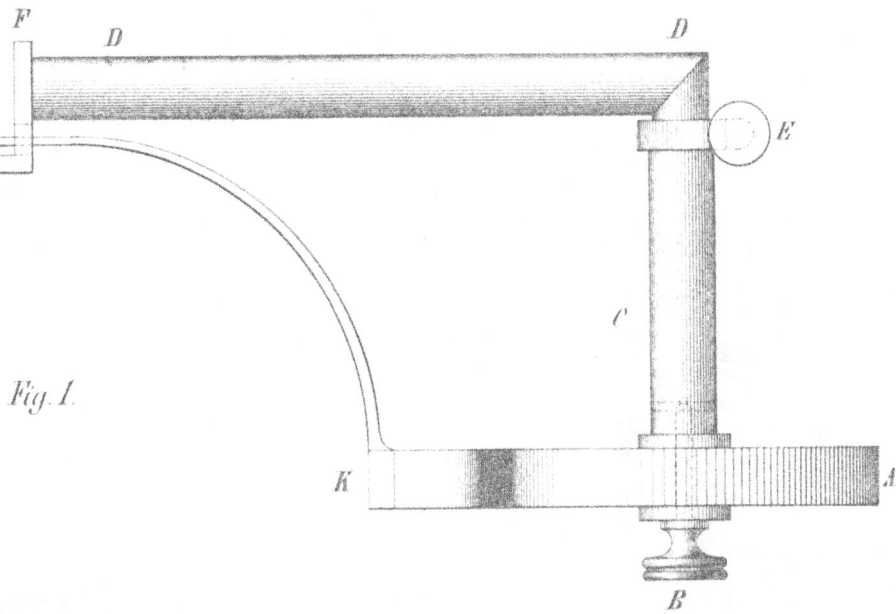

Fig. 1.

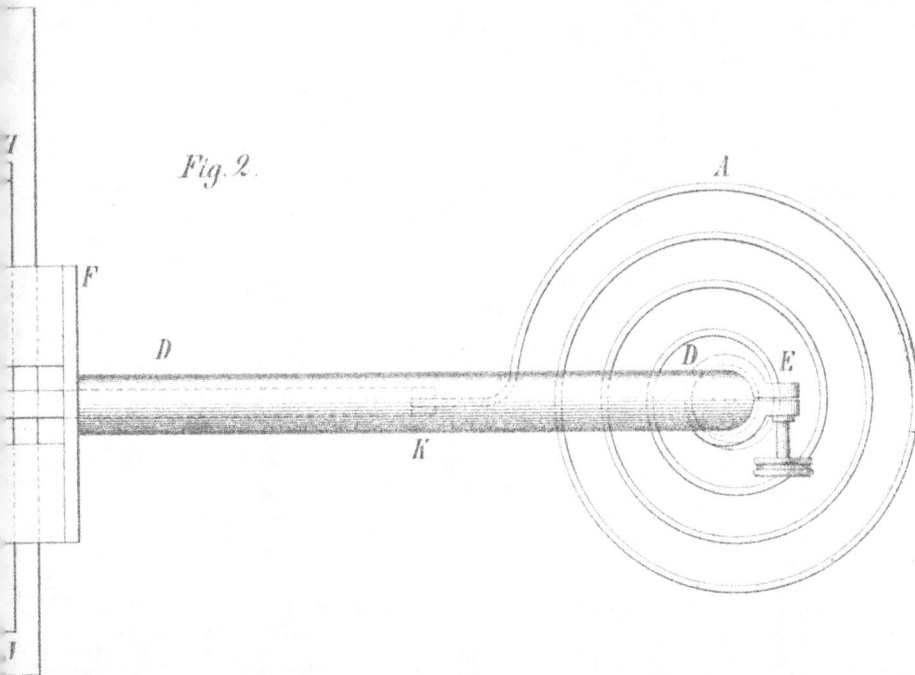

Fig. 2.

Fig. 1.

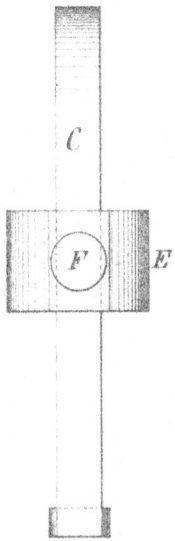

*Fig. 2.*

*Fig. 3.*

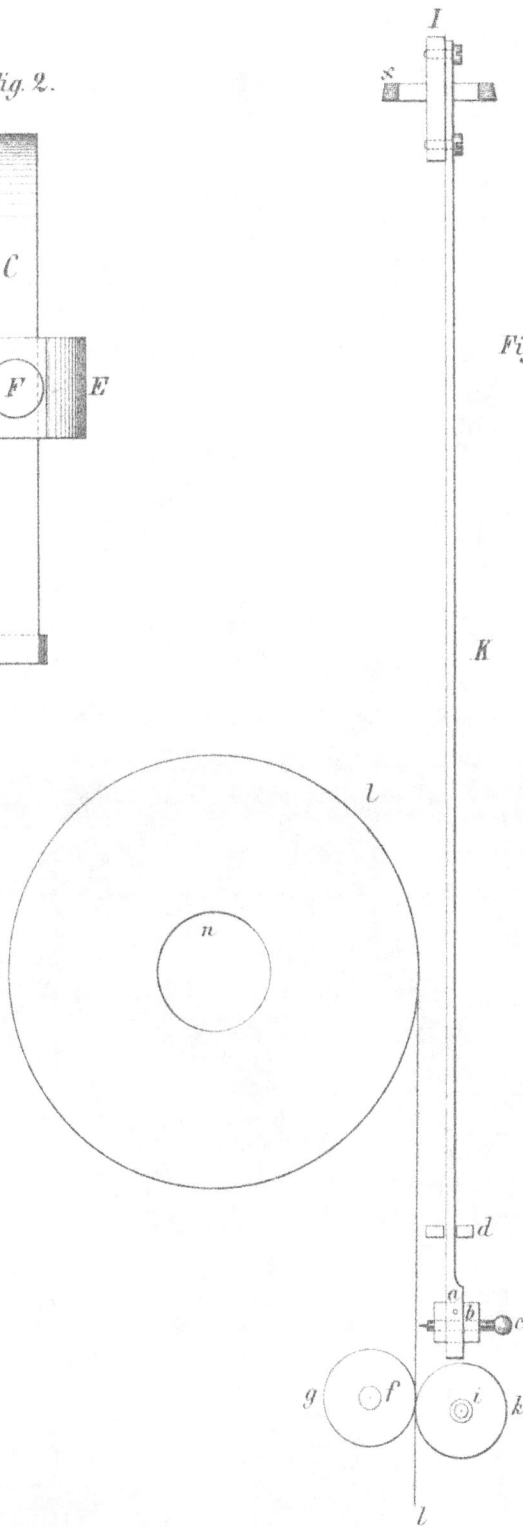

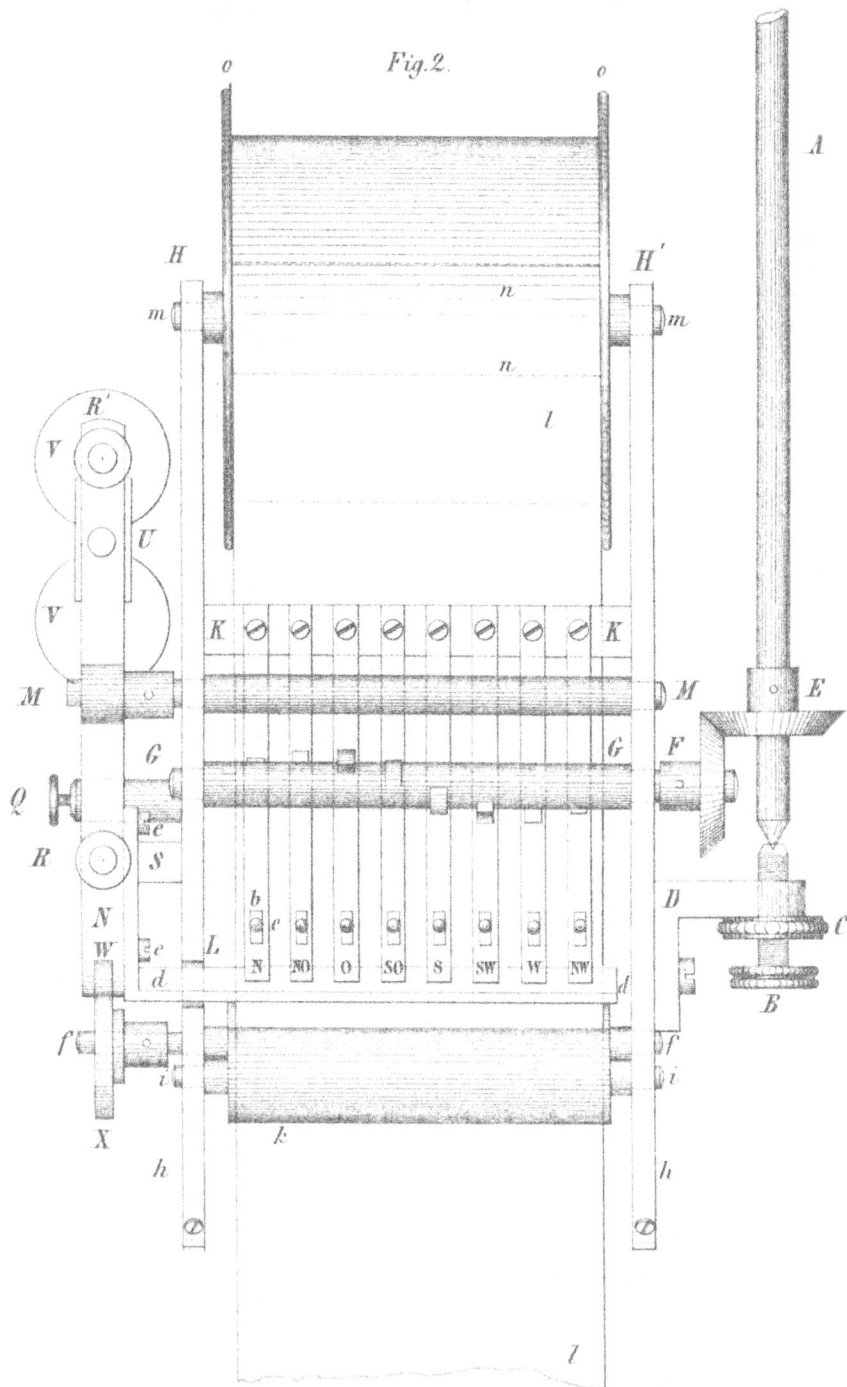

Fig. 2.

*Fig 1.*

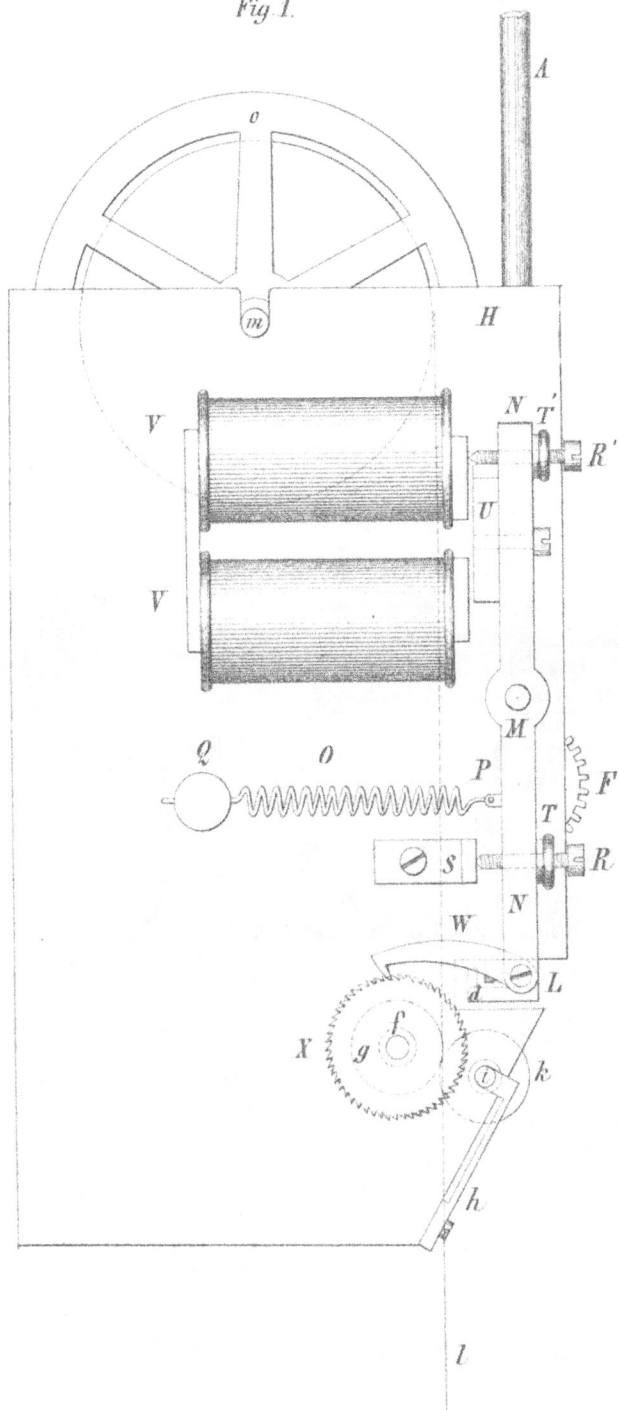

Fig. 2.

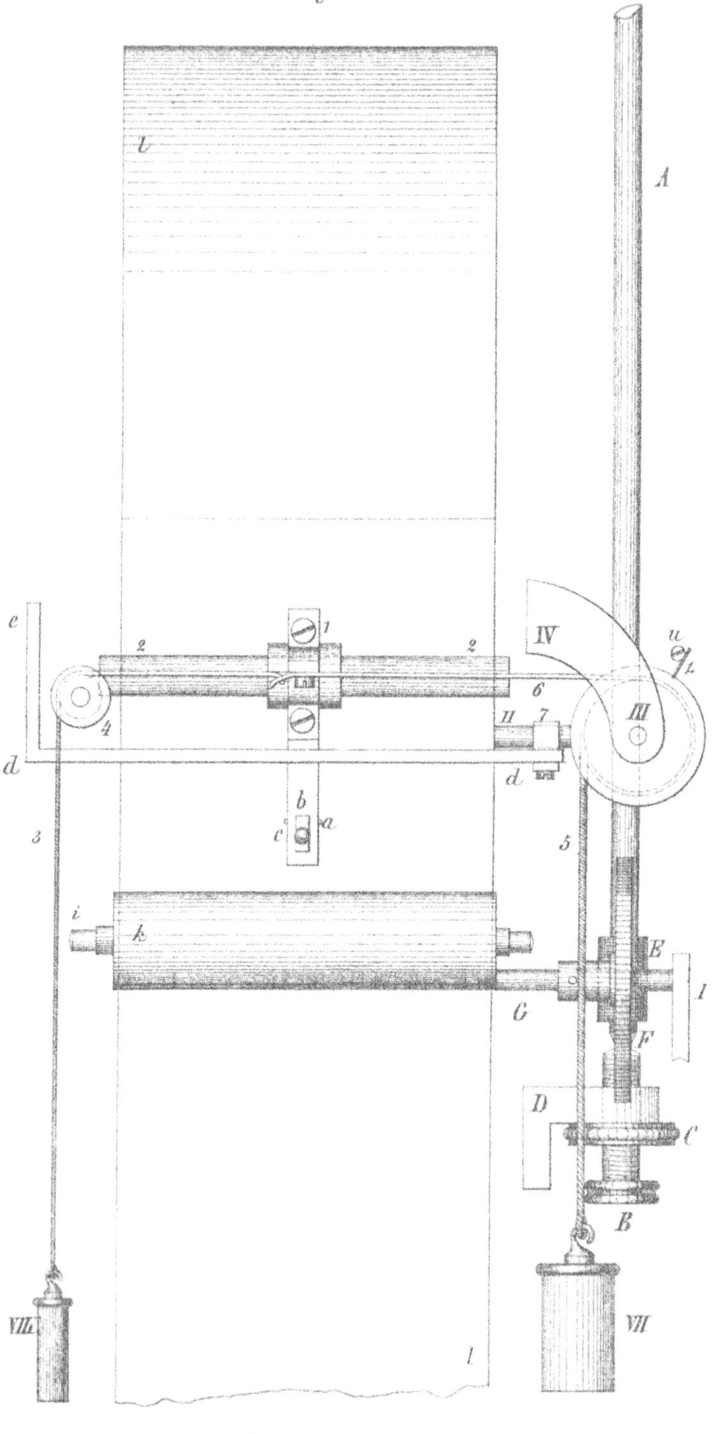

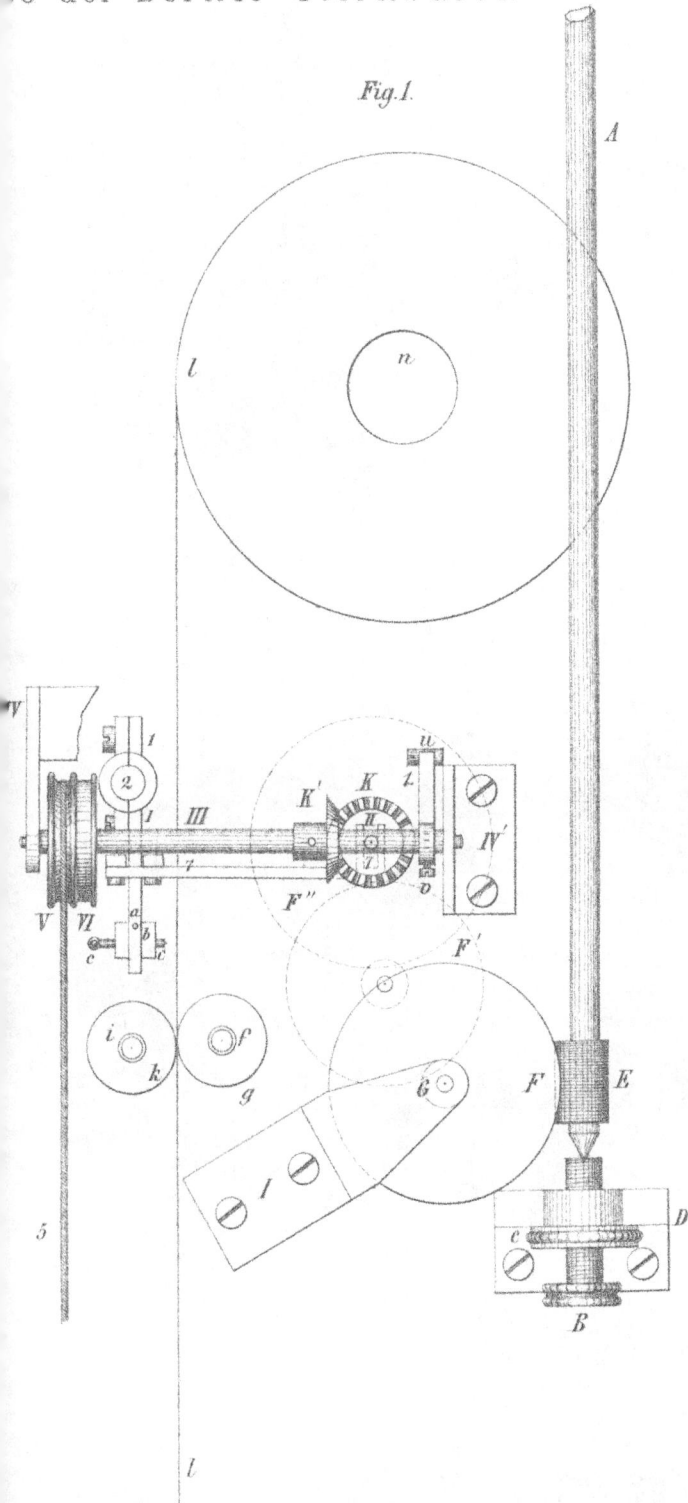

Fig.1.

Fig. 2.

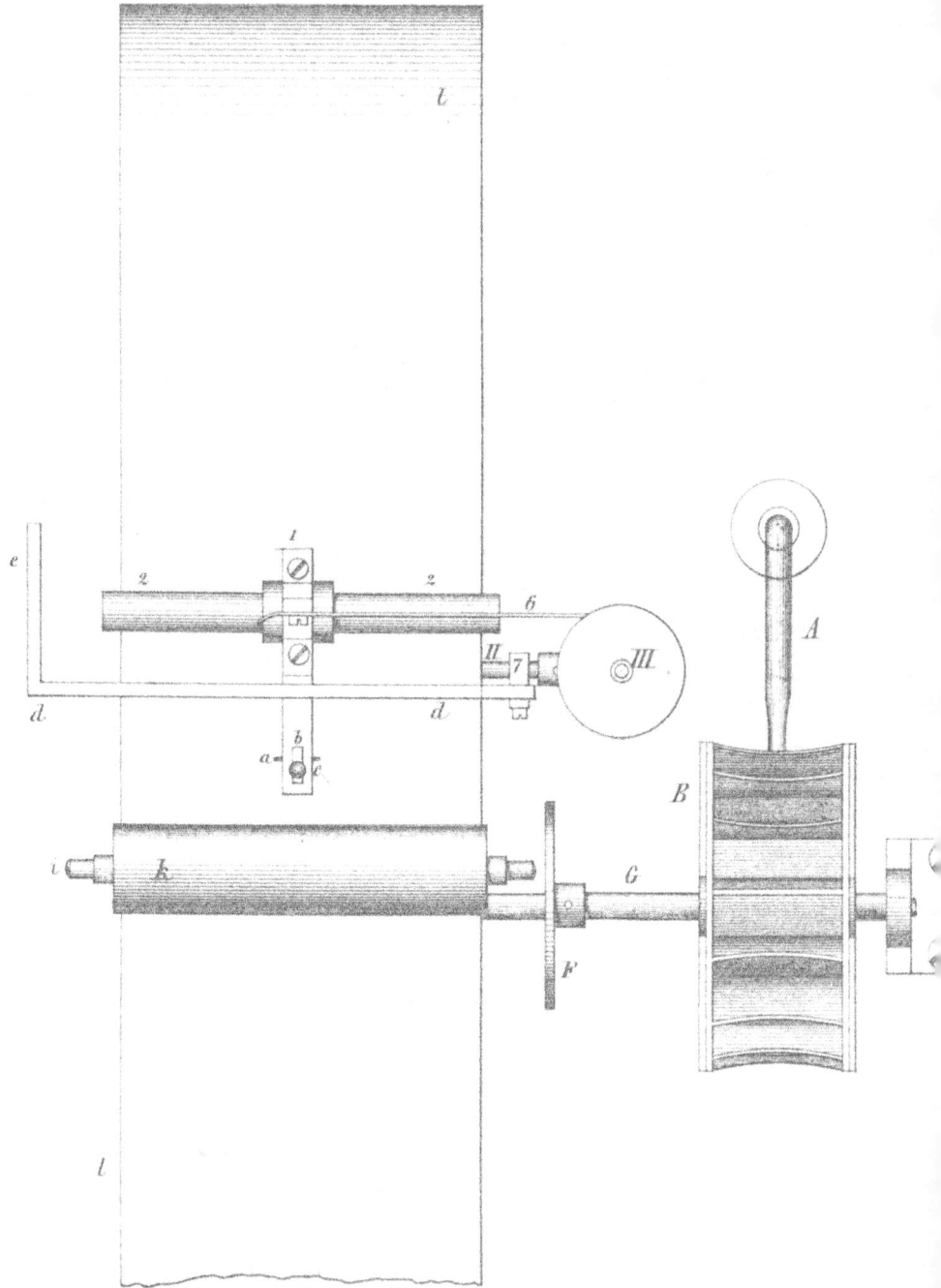

*Fig.1.*

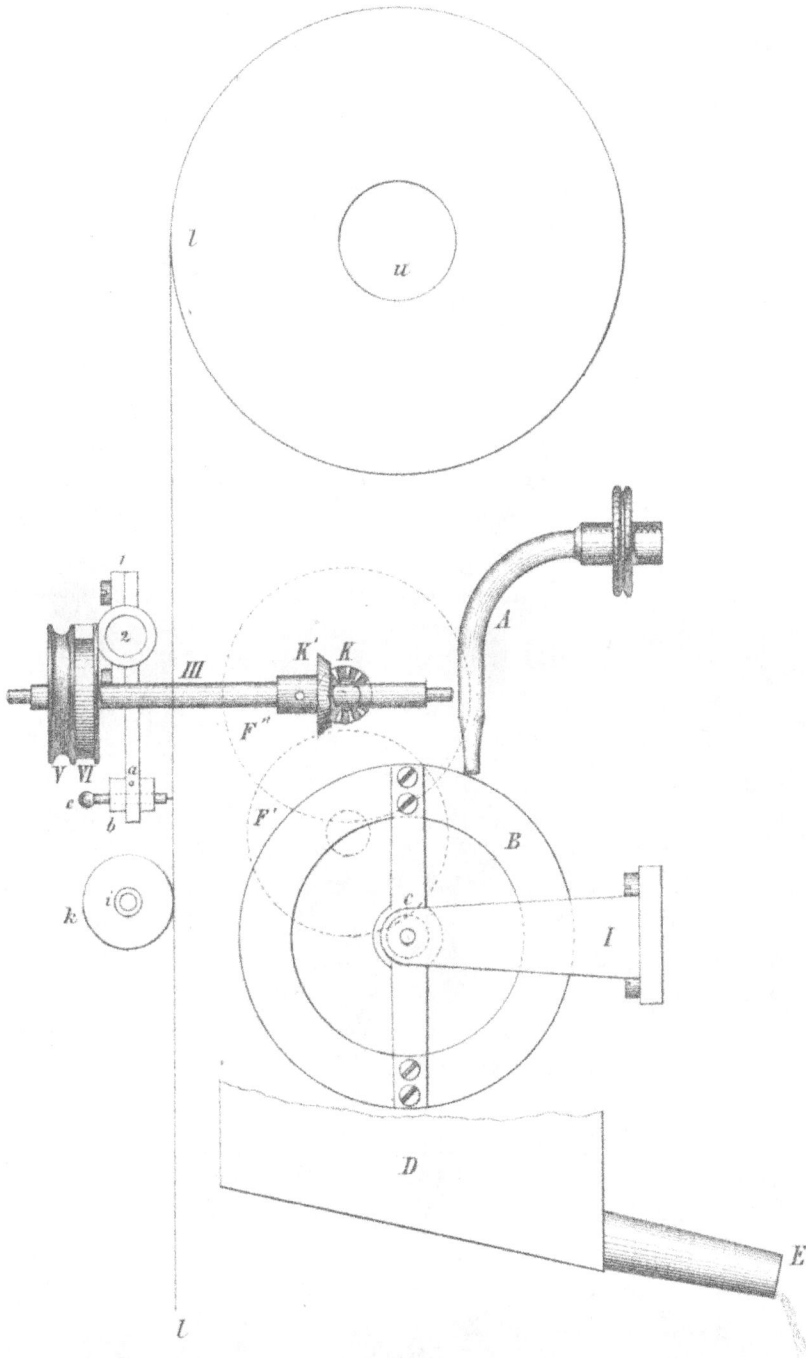

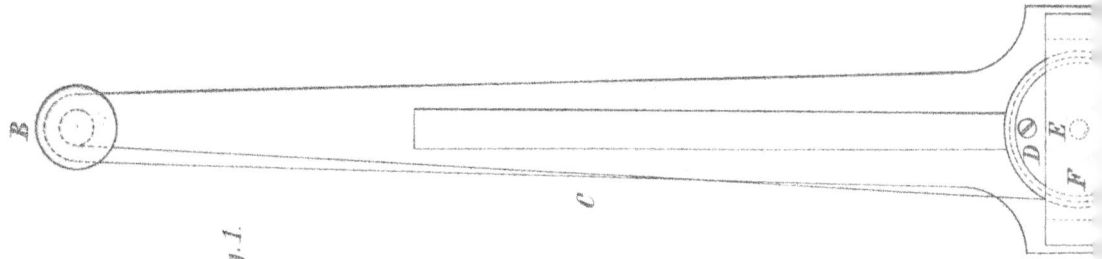

Fig. 1.

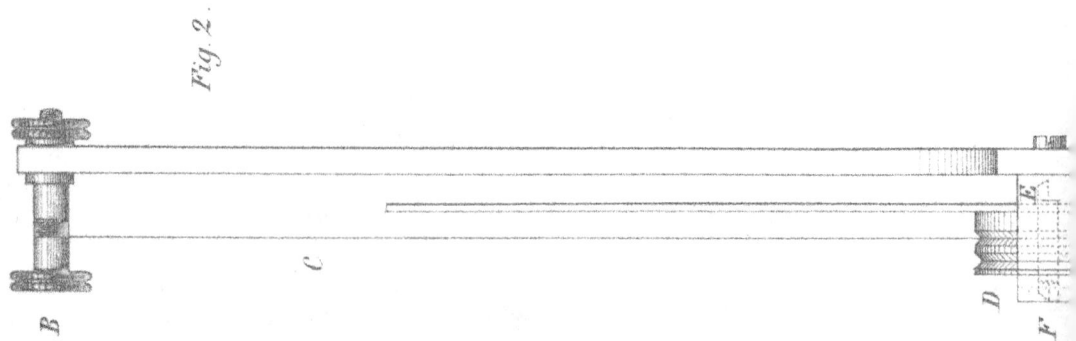

Fig. 2.

parate der Berner Sternwarte.

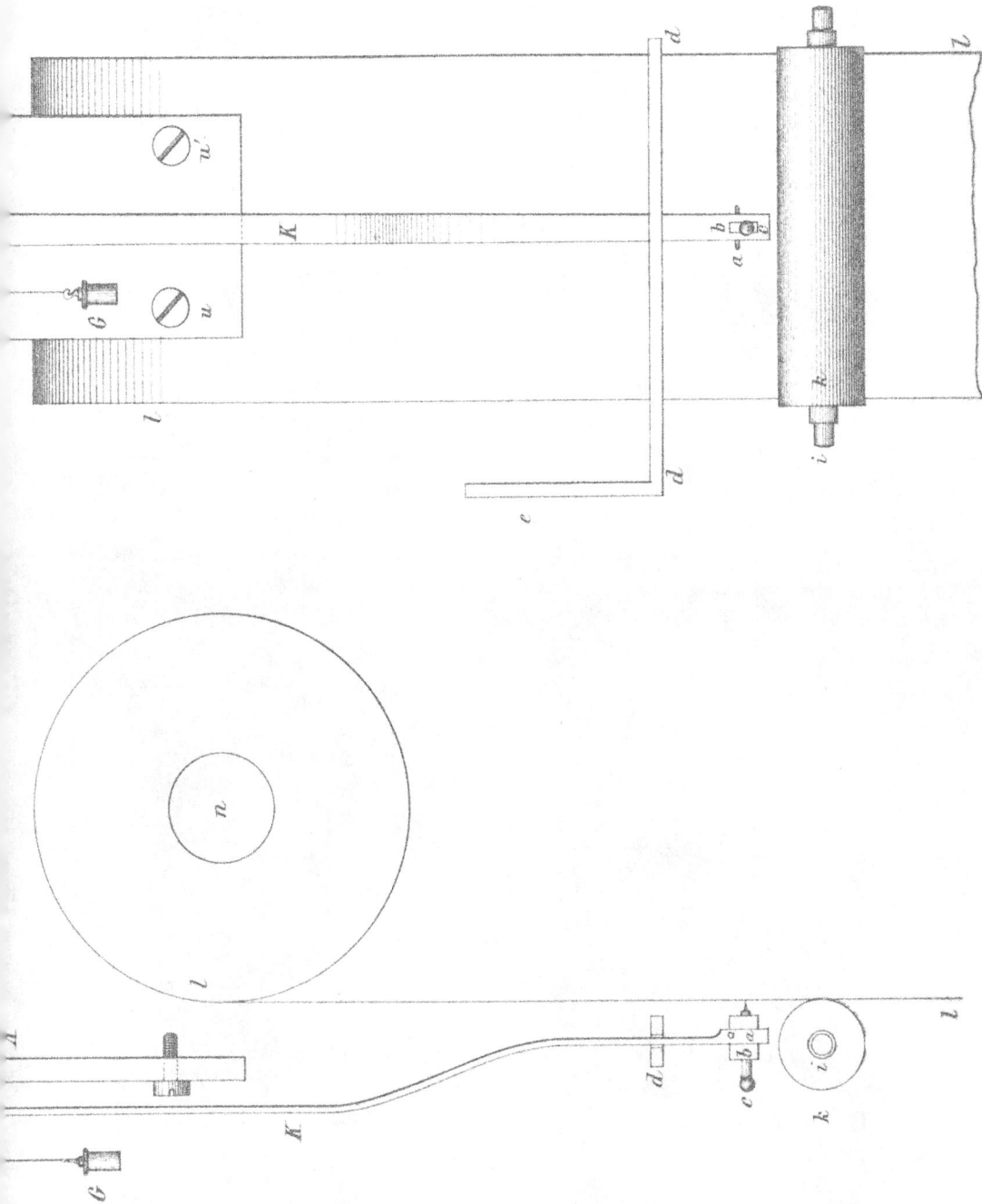

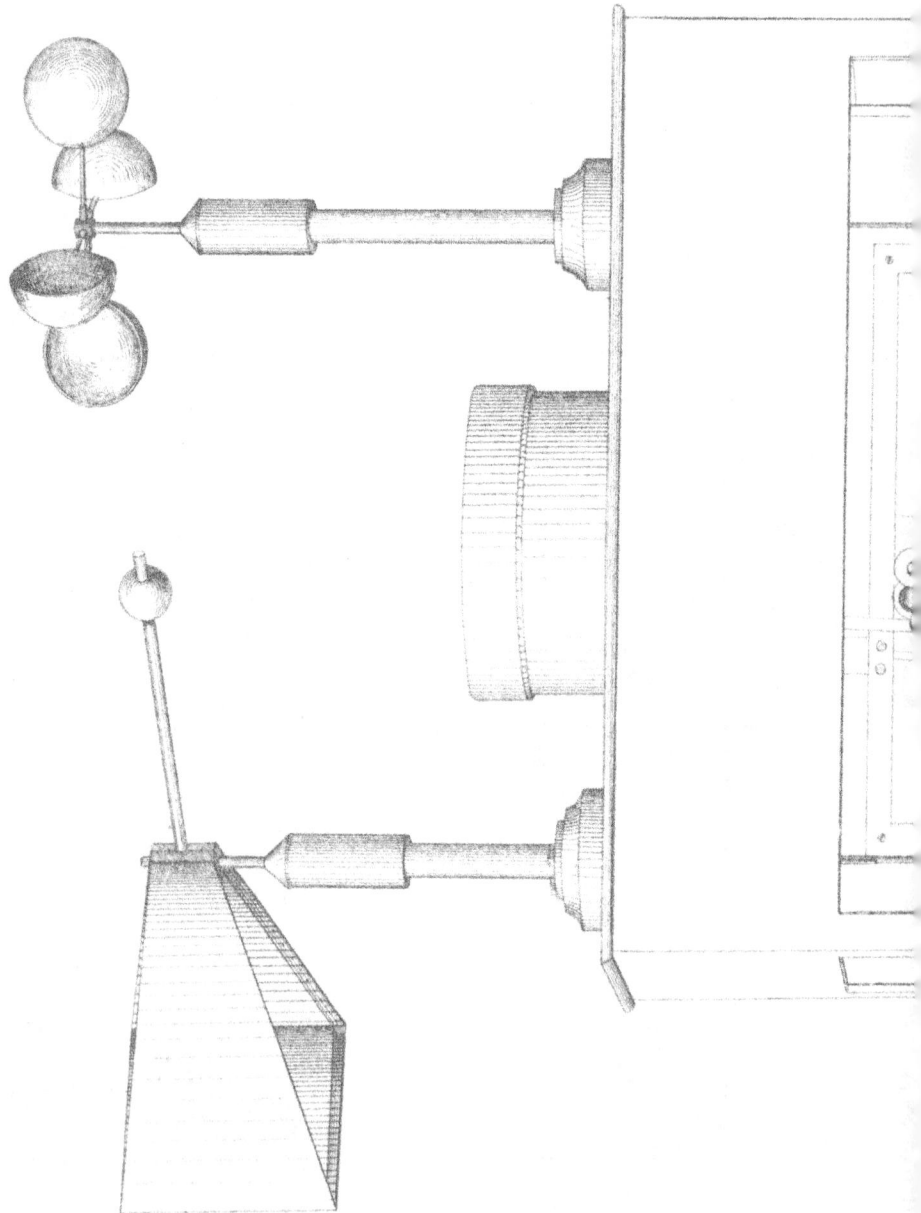

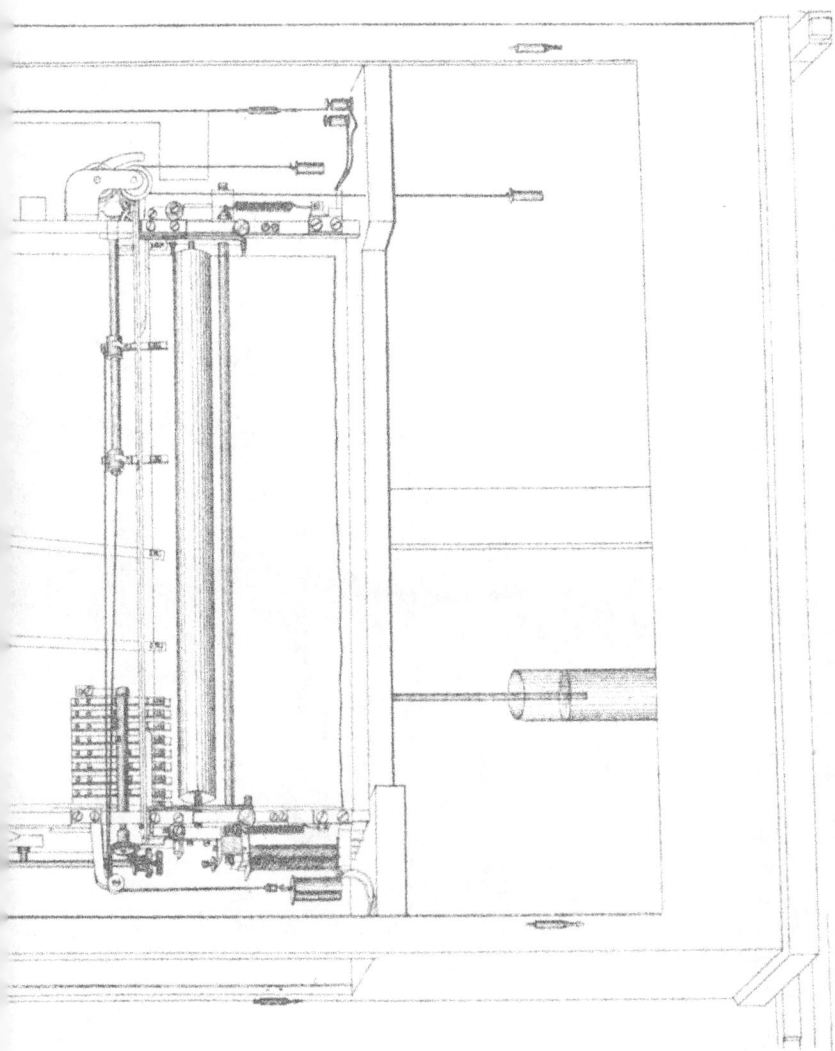

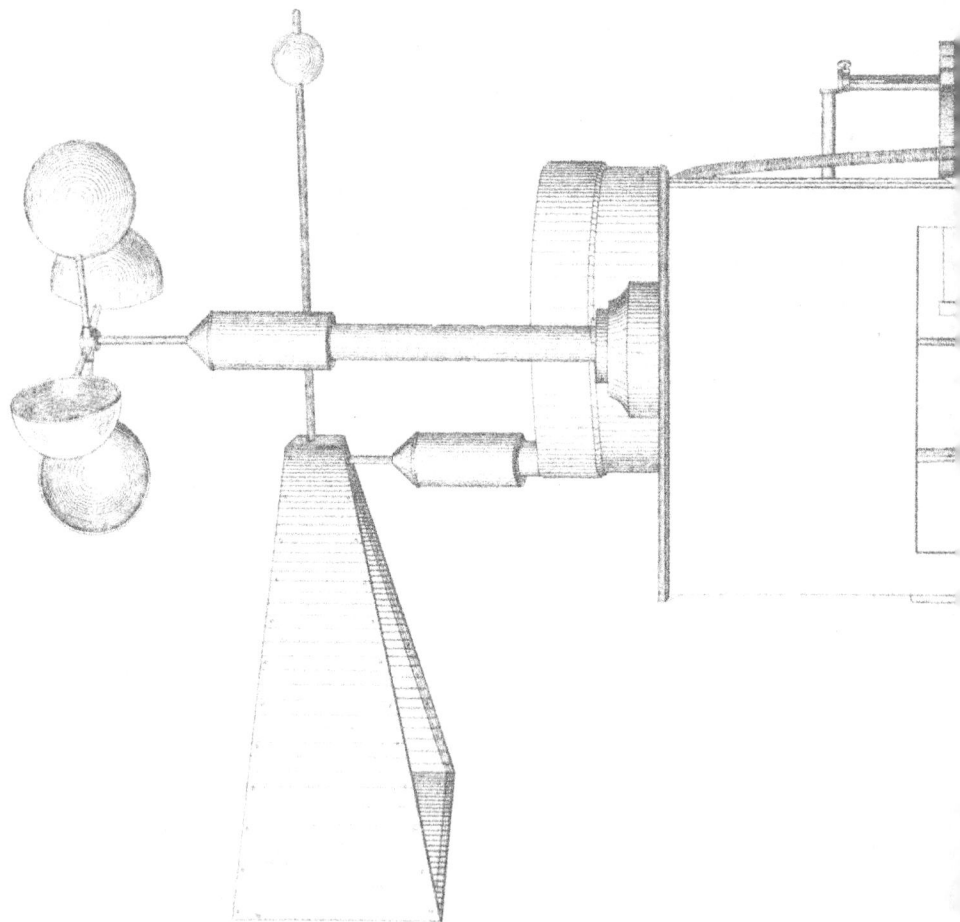

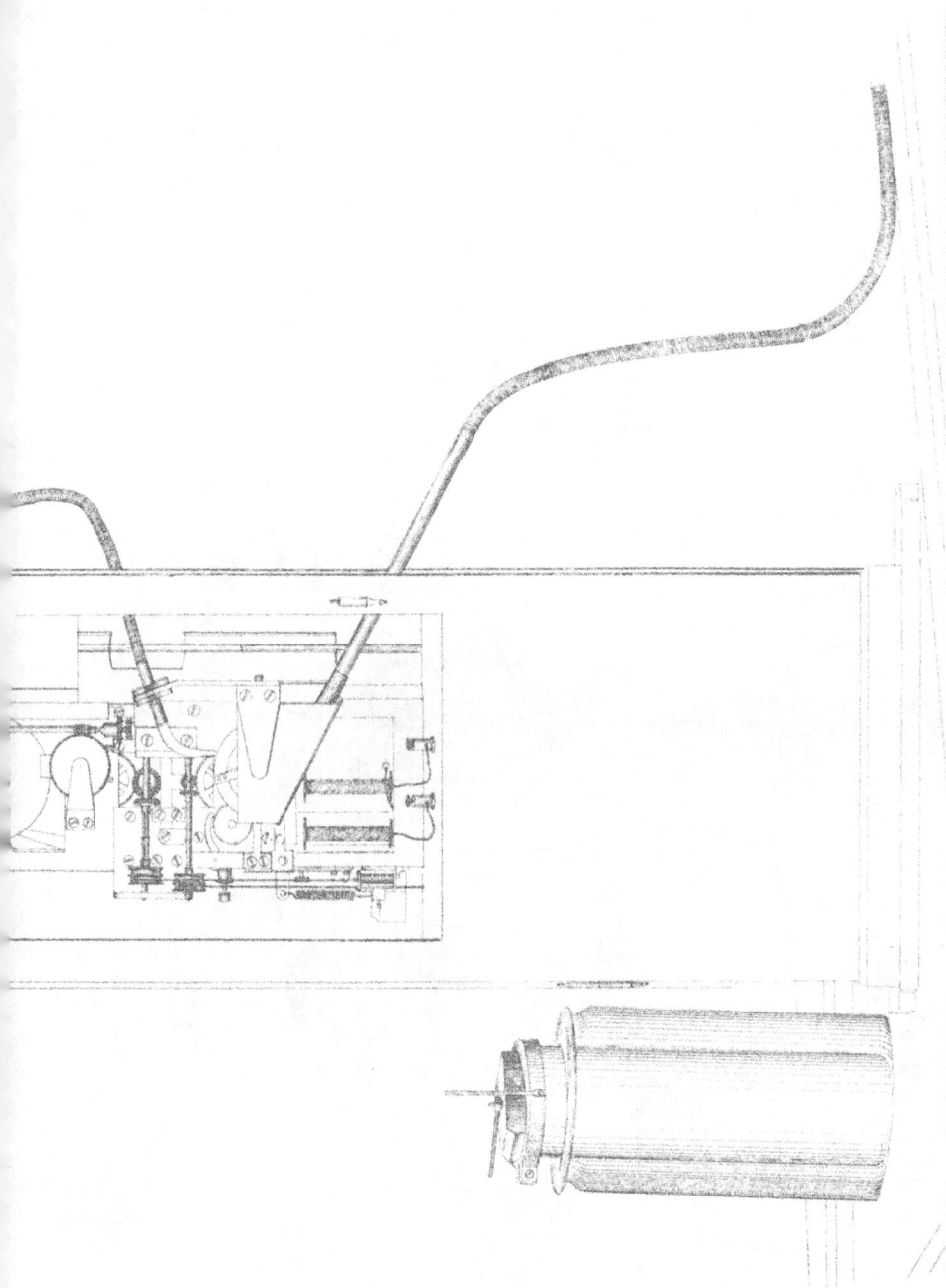

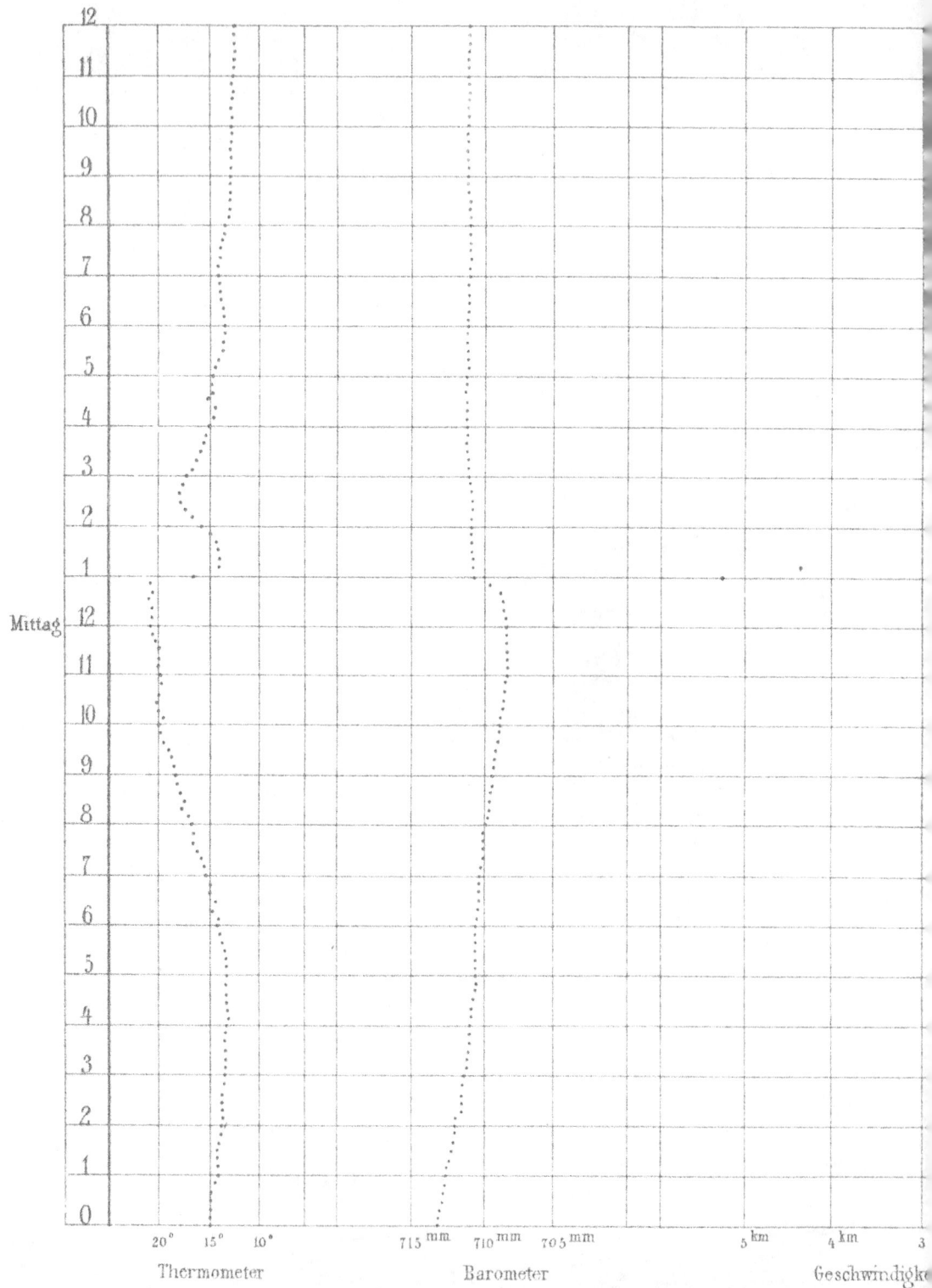

Fac-Simile der Aufzeichnung der selbstregistrirenden Apparat

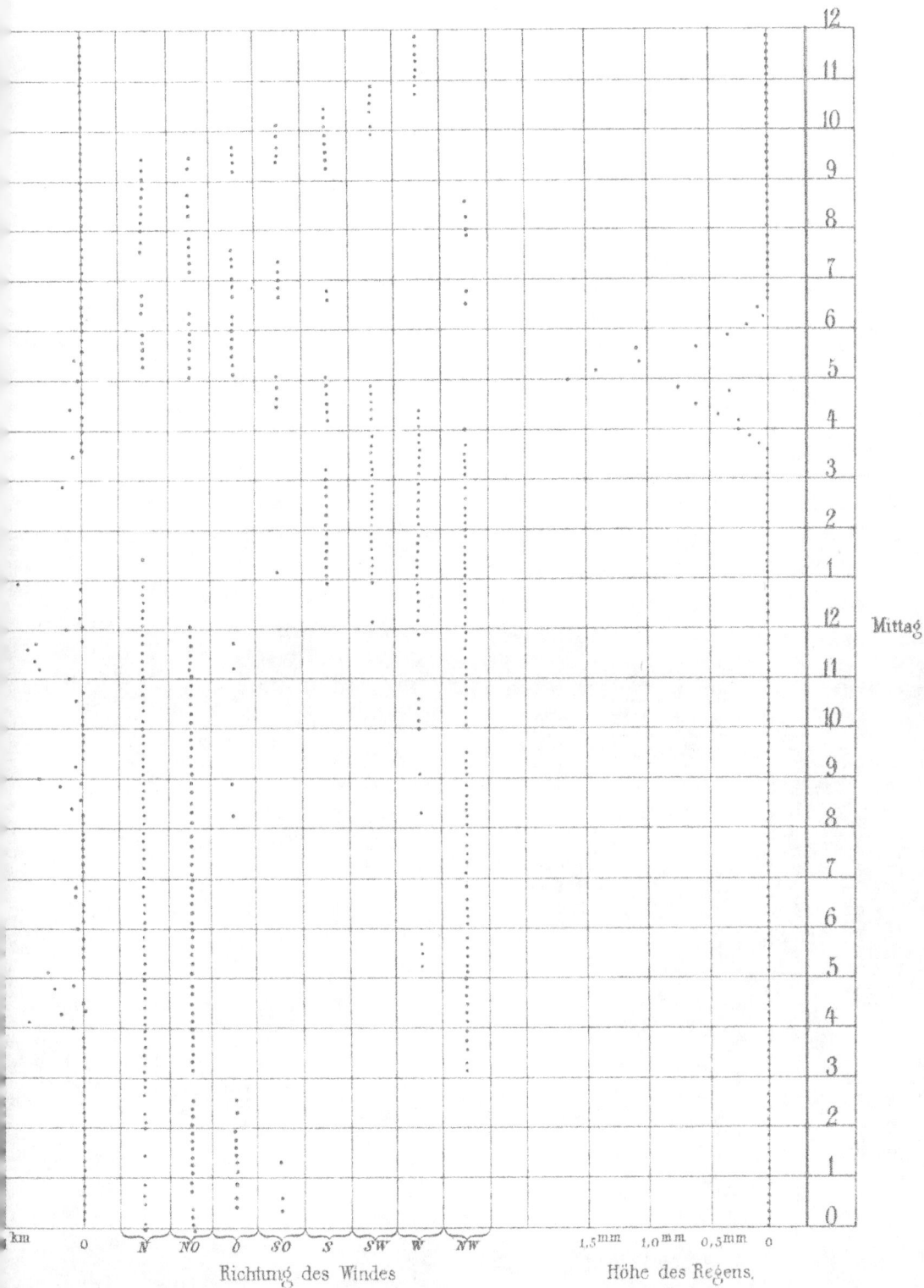

Richtung des Windes.    Höhe des Regens.

rte in Bern für den 7 Juni 1864    Windstoss um 1 Uhr.)

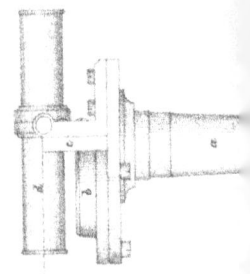

Fig 3

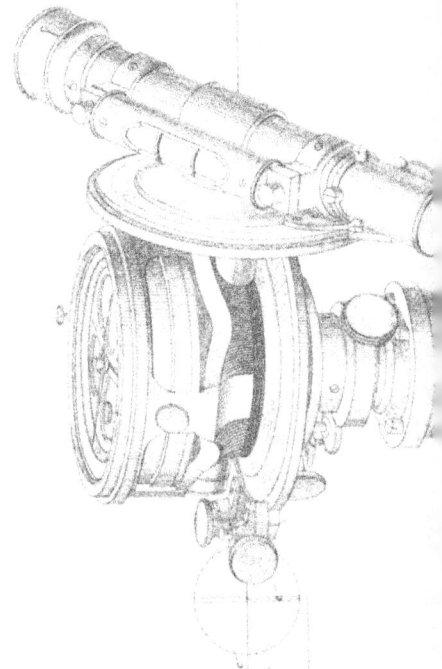

Fig 1

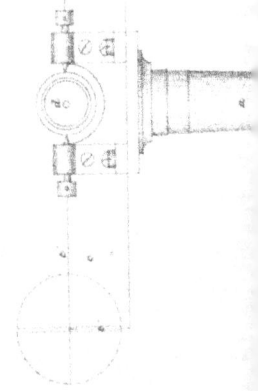

Fig 2

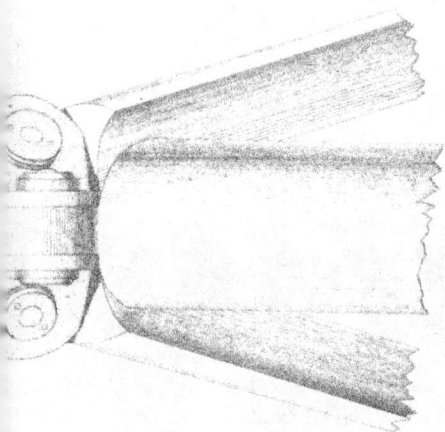

Kleiner Gruben-Theodolit

Von Fr. W Breithaupt in Cassel.

Fb Caris Repertorium IV Band.

Fig.1.

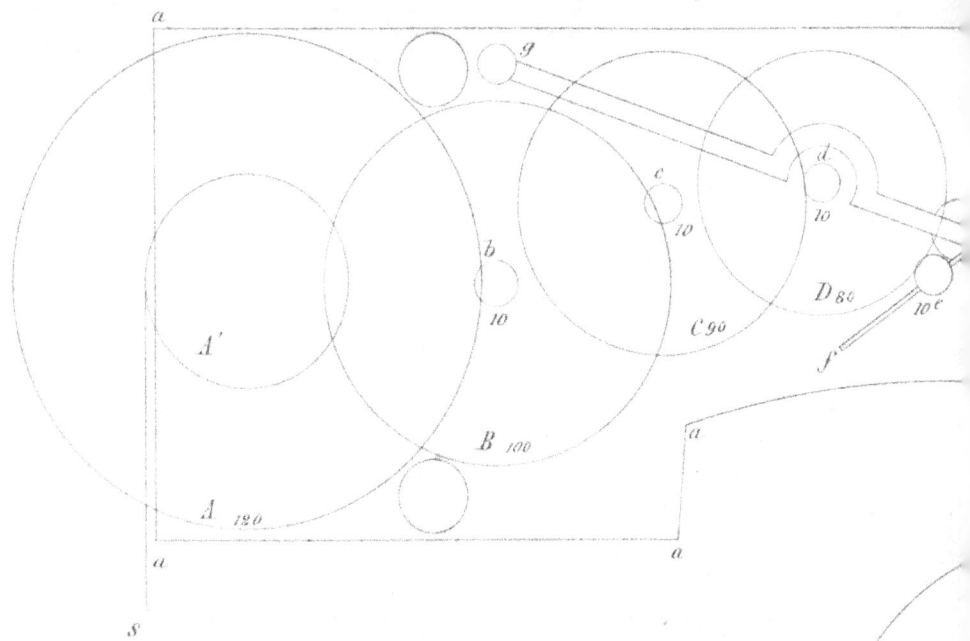

Fig.4.

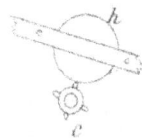

Fig.2.

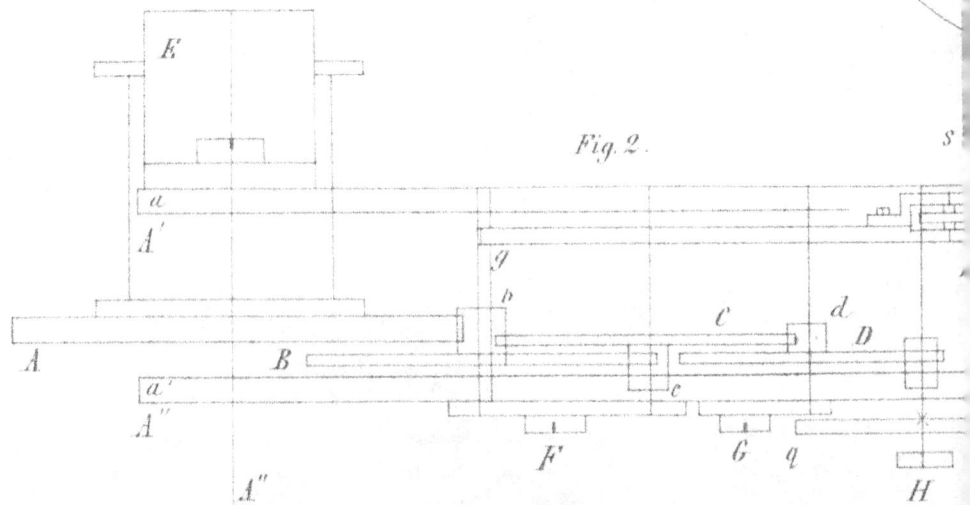

Fig. 5.

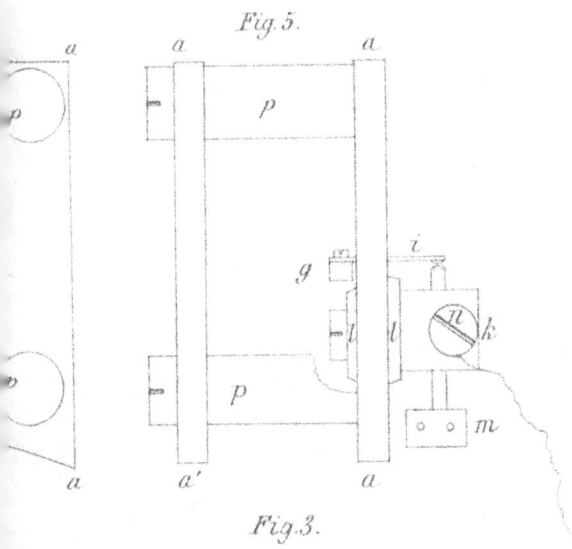

Fig. 6.

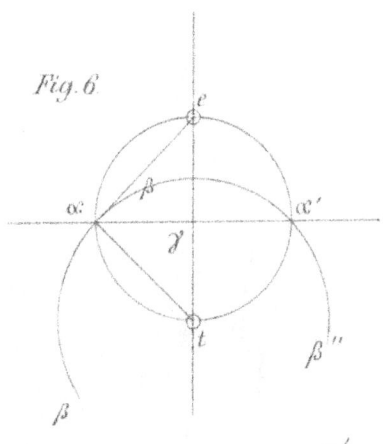

Fig. 3.

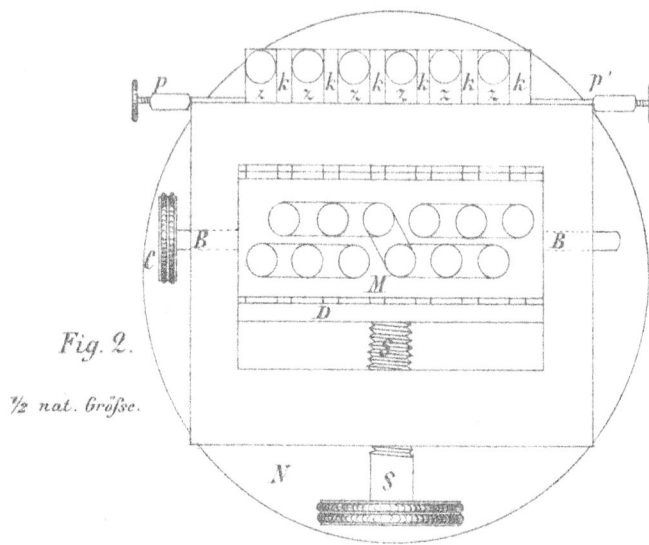

Fig. 2.

½ nat. Größe.

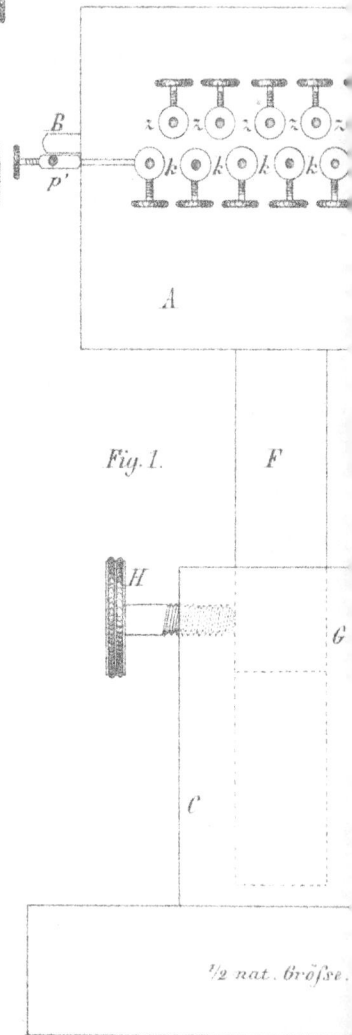

Fig. 1.

½ nat. Größe.

Fig. 3.

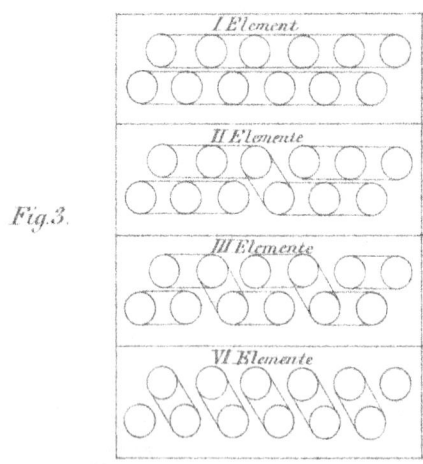

Fig. 4.

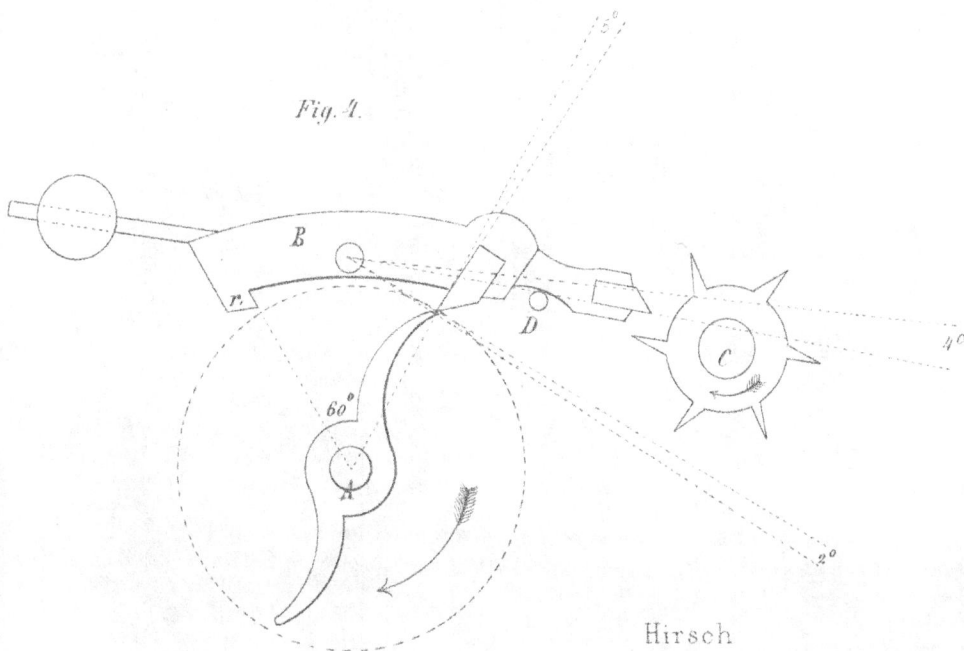

Hirsch
Marinechronometer
mit
Electrischer Registrirung.

Fig. 5.

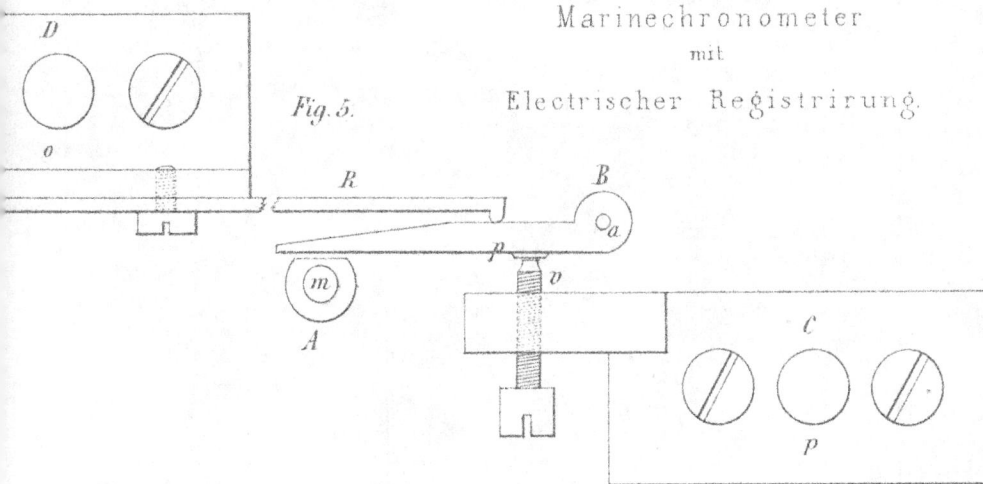

Fig.1.

Fig.3.

Fig.2.

Fig.4.ᵃ

Fig.3.a

Fig.4.

Fig.5.

Fig.4.ᵇ

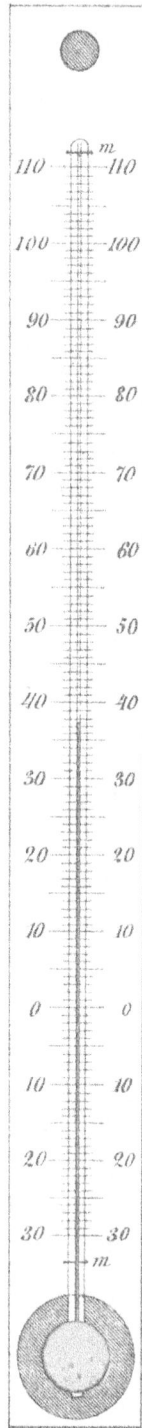

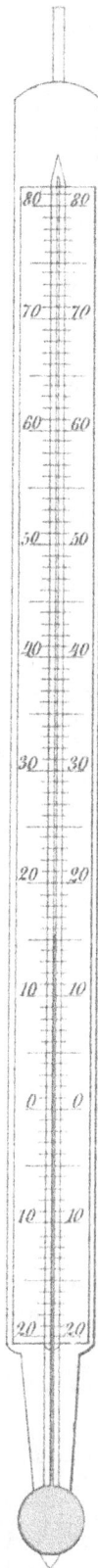
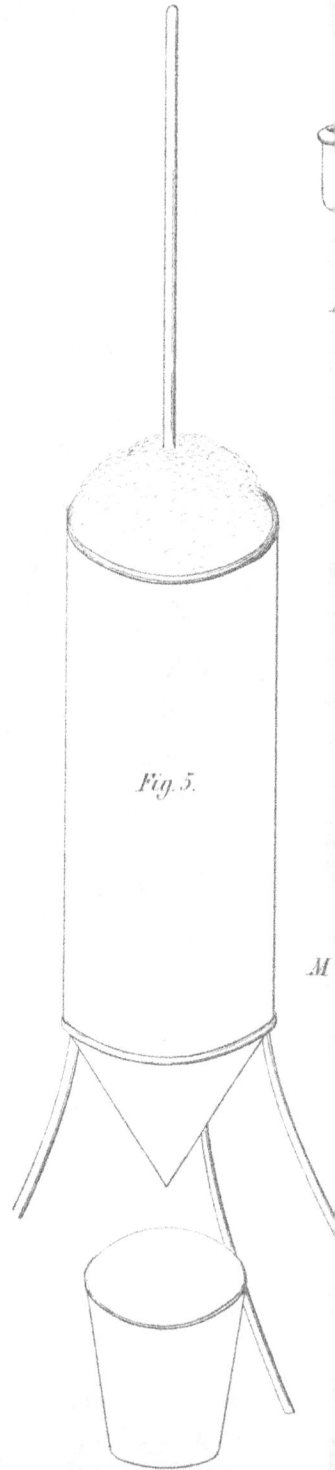

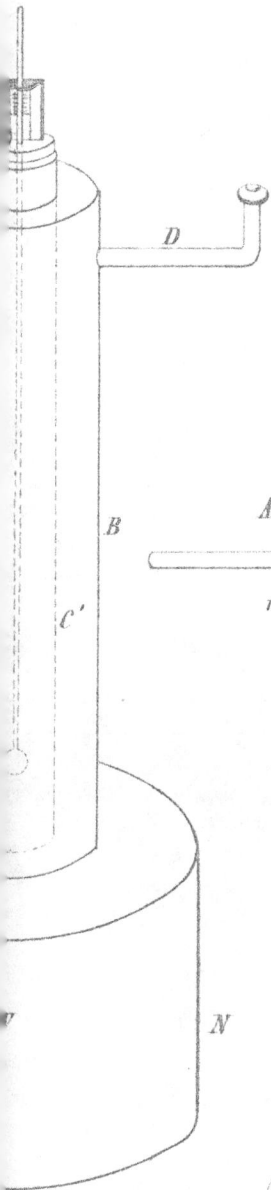

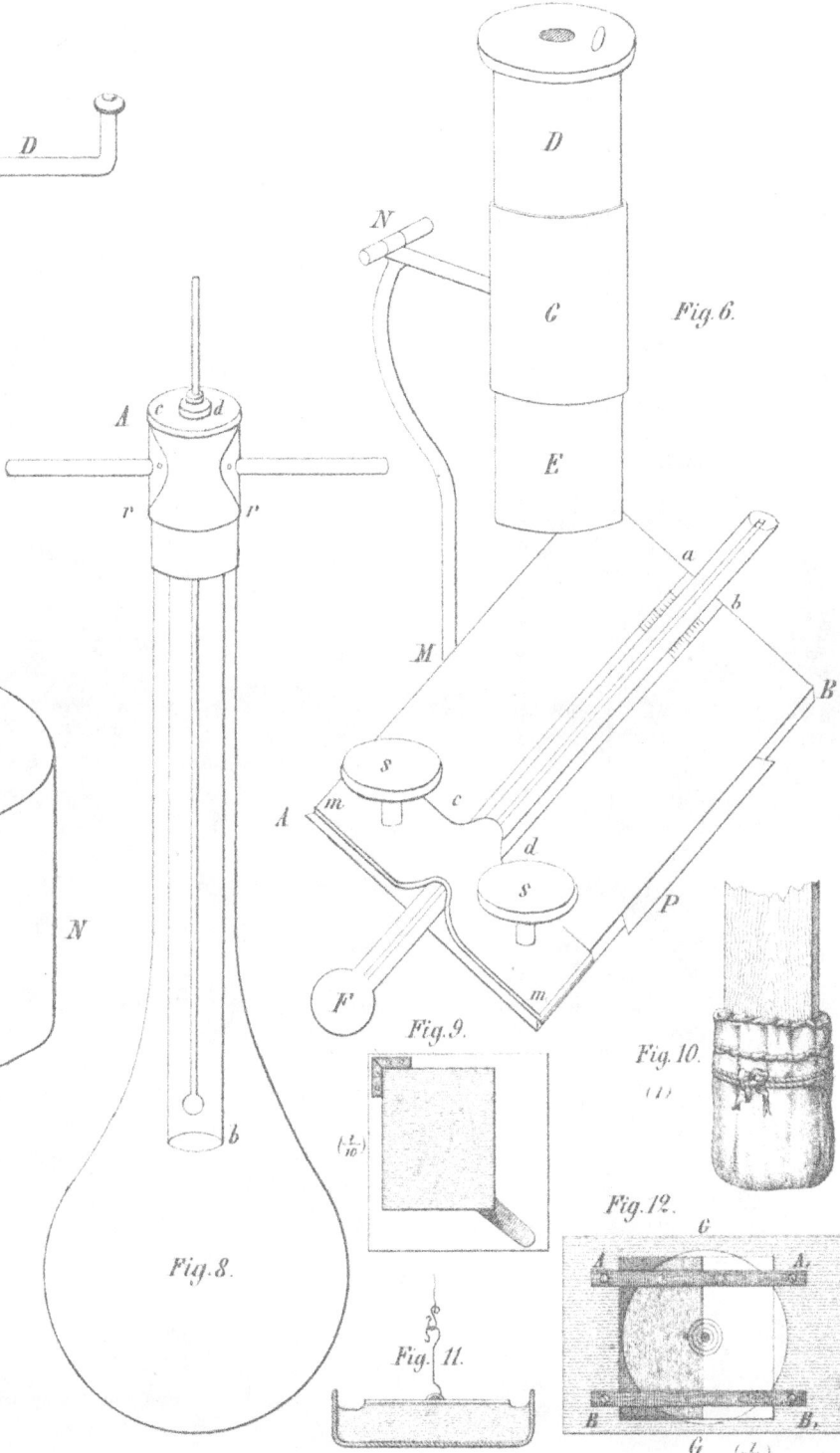

*Fig. 6.*

*Fig. 8.*

*Fig. 9.*

*Fig. 10.*
$\left(1\right)$

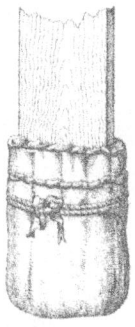

*Fig. 12.*

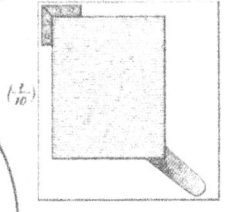

*Fig. 11.*
$\left(\frac{1}{2}\right)$

$\left(\frac{1}{2}\right)$

*Quincke Herstellung von Metallspiegeln.*

*Fig. 1.*

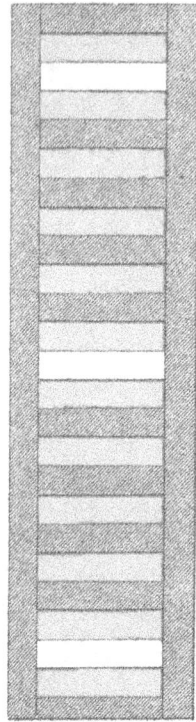

*Fig. 2.*

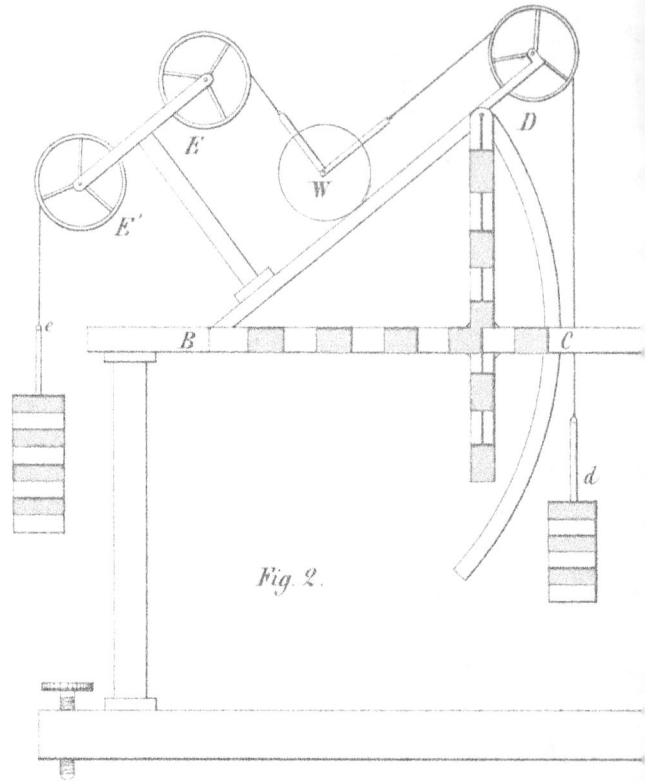

*Fig. 3.*

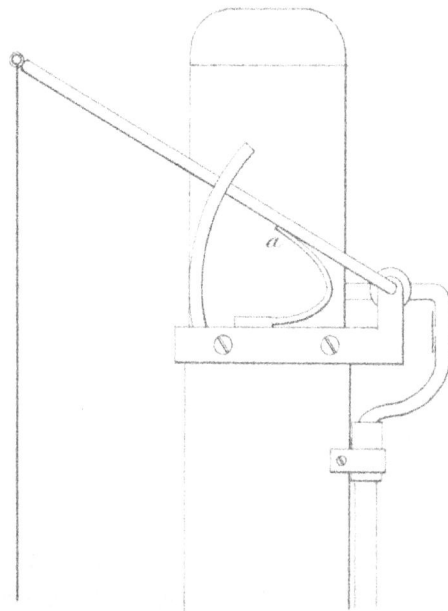

*Fig. 4.*

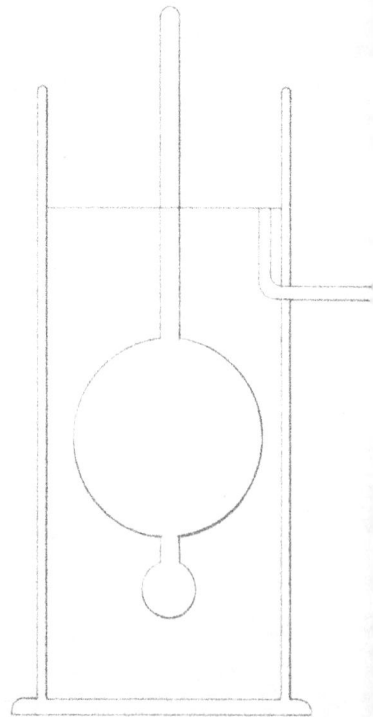

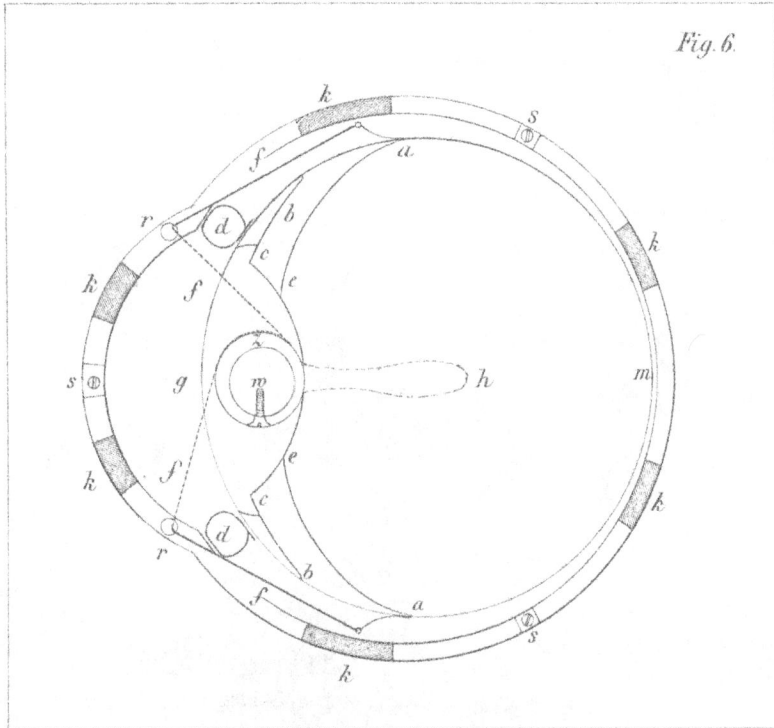

*Fig. 6.*

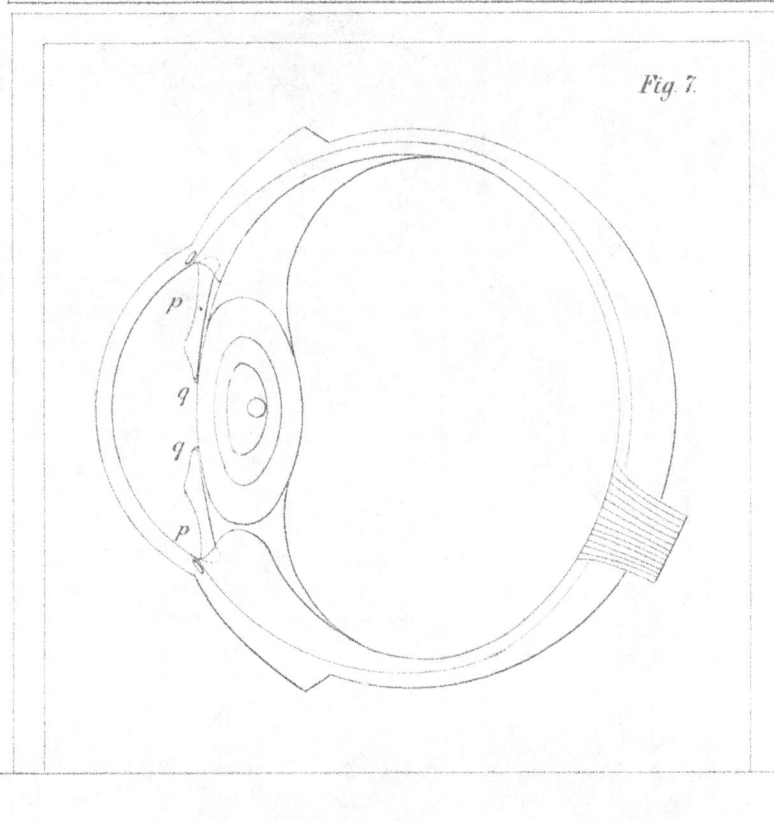

*Fig. 7.*

*Beetz Augenmodell.*

Fig. 4.

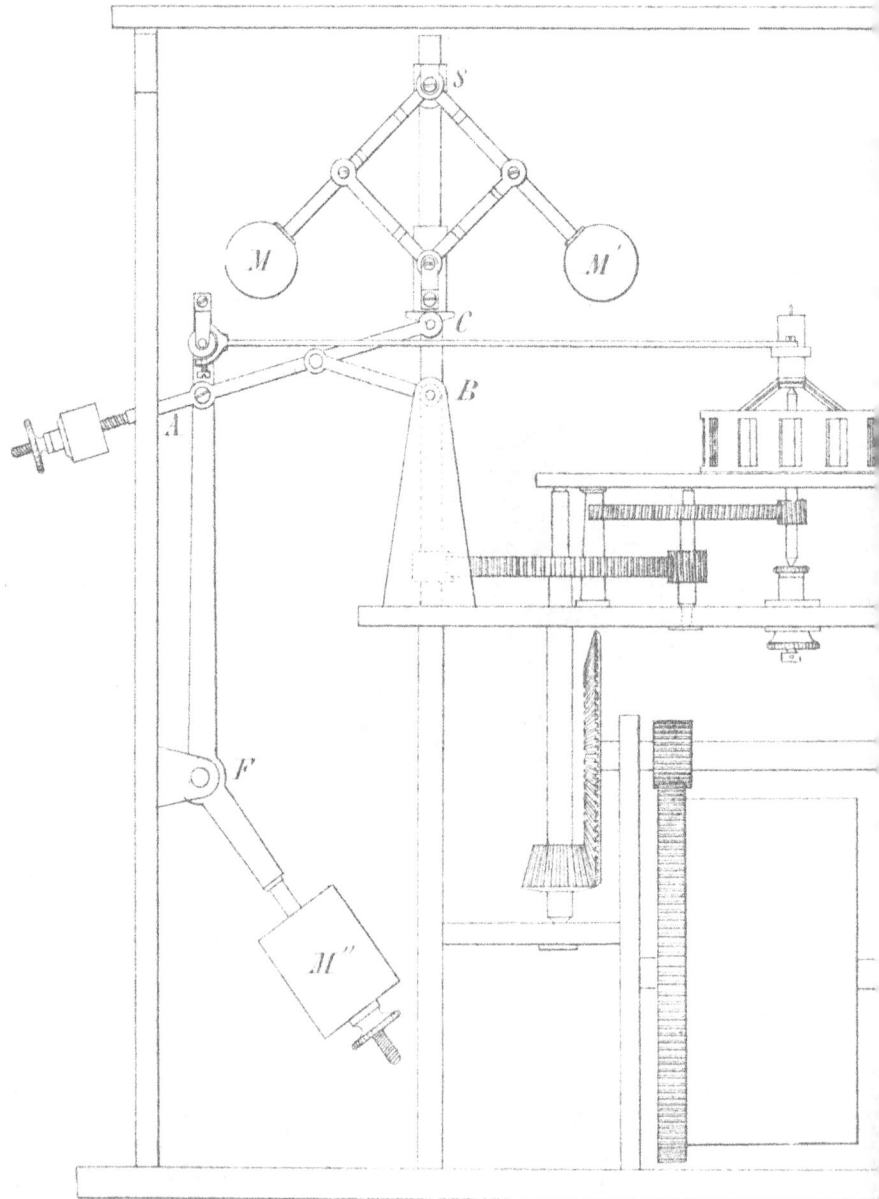

Regulator.

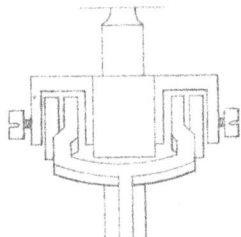

Fig. 5.

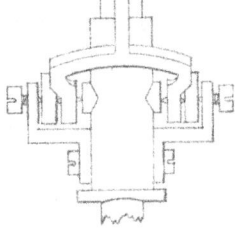

Fig. 6.

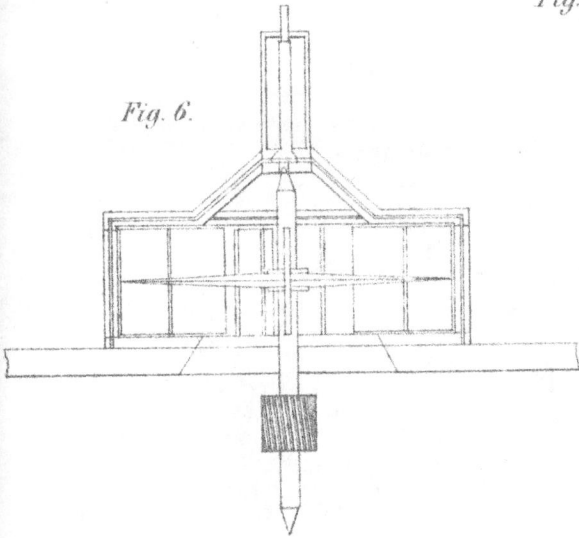

Fig. 7.

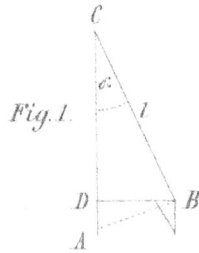

Fig. 1.

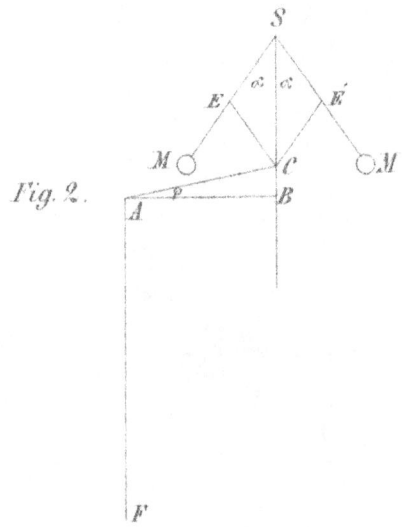

Fig. 2.

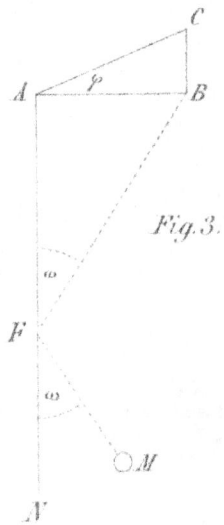

Fig. 3.

Fig. 1.

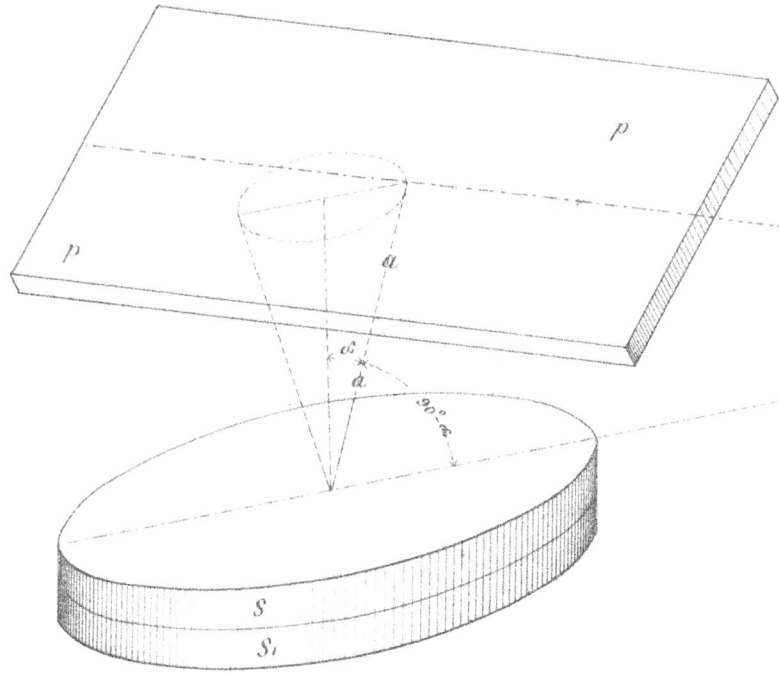

Fig. 3.

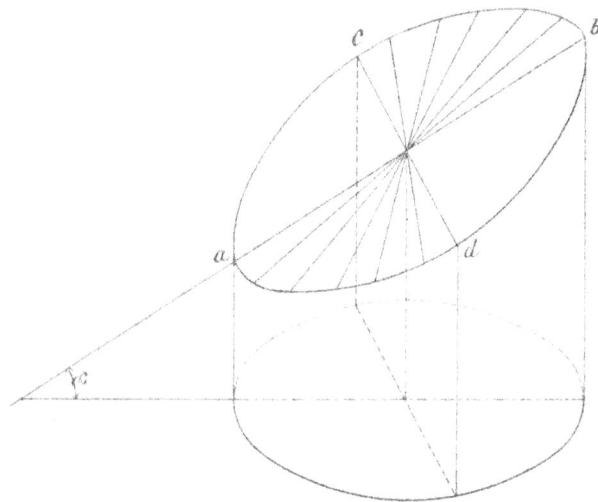

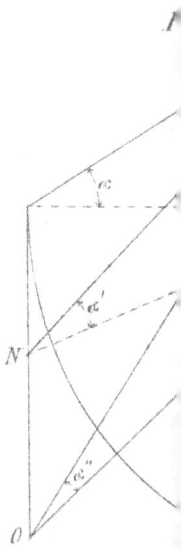

*Fig. 2.*

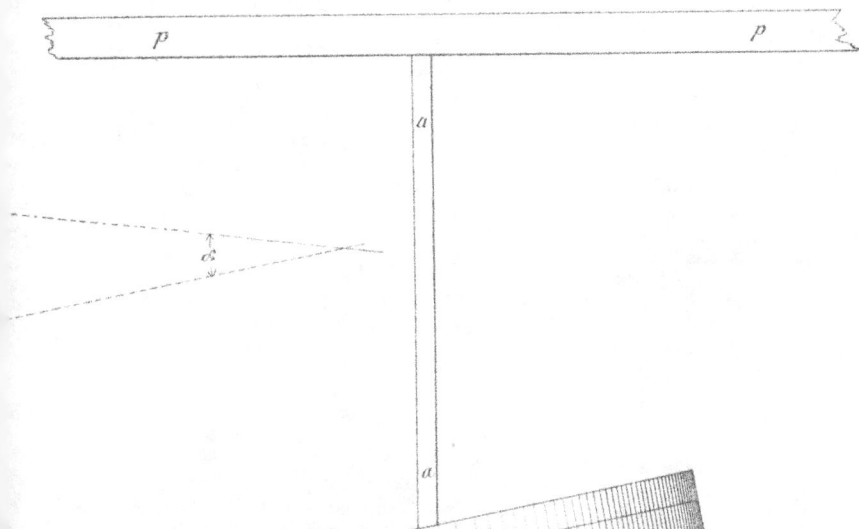

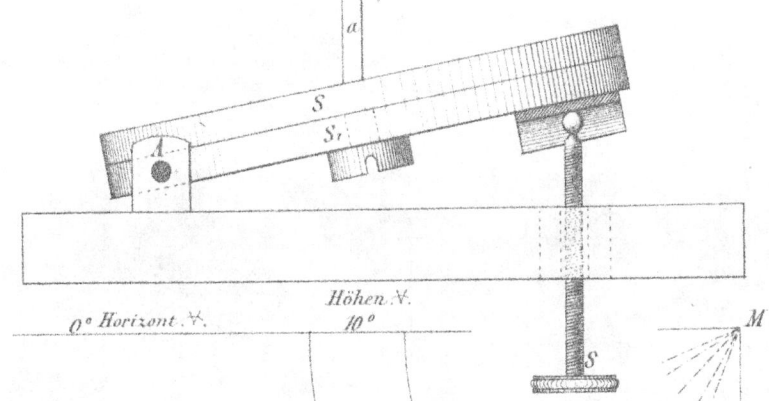

0° Horizont. ♈︎        Höhen. ♈︎

10°

*Fig. 5.*

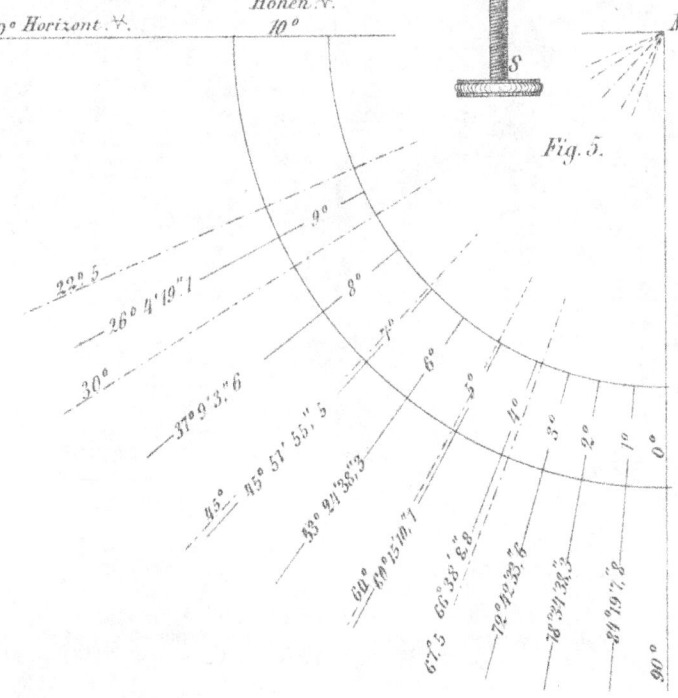

Fig. 1.

Durchschnitt nach a — b

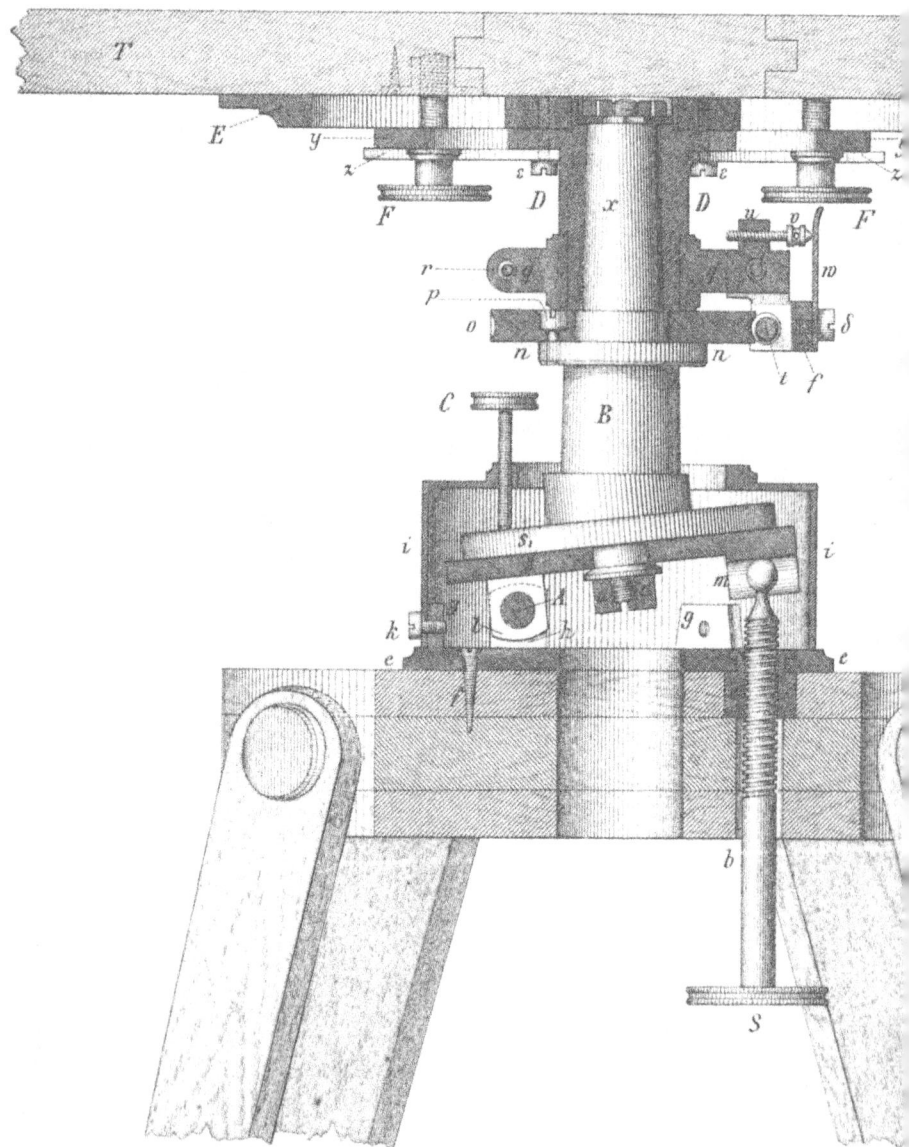

n'sche Messtisch.

Fig. 3.

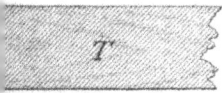

Horizontale Projection

des oberen Theiles.

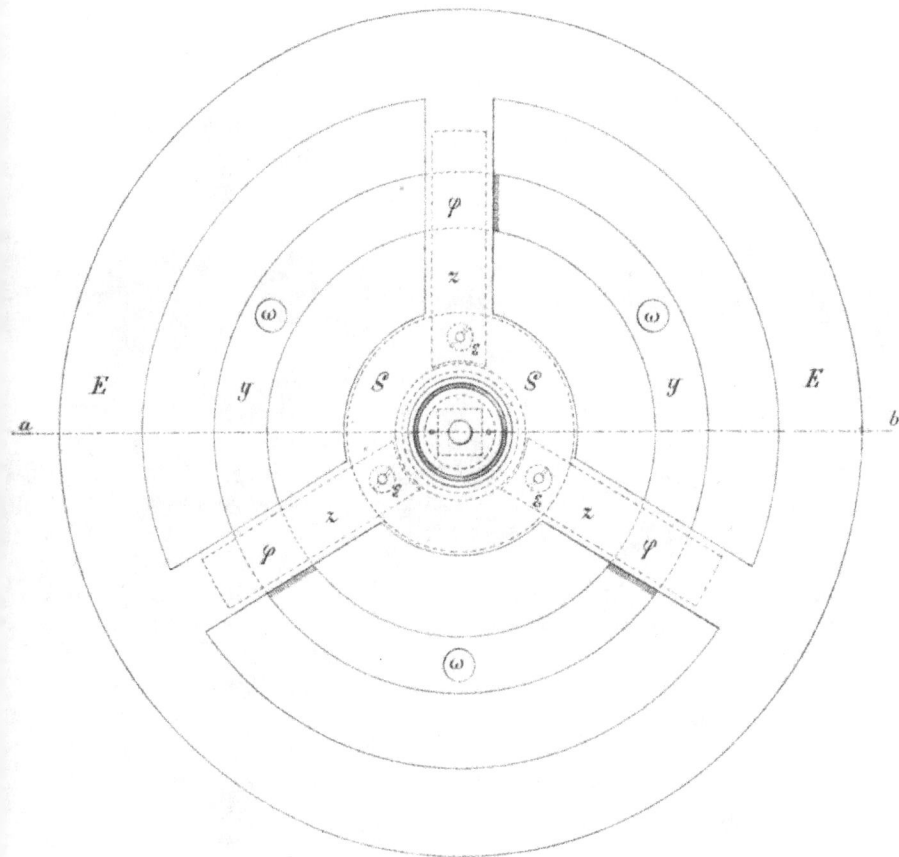

Maſsstab = 1 : 2.

Fig. 2.

Ansicht.

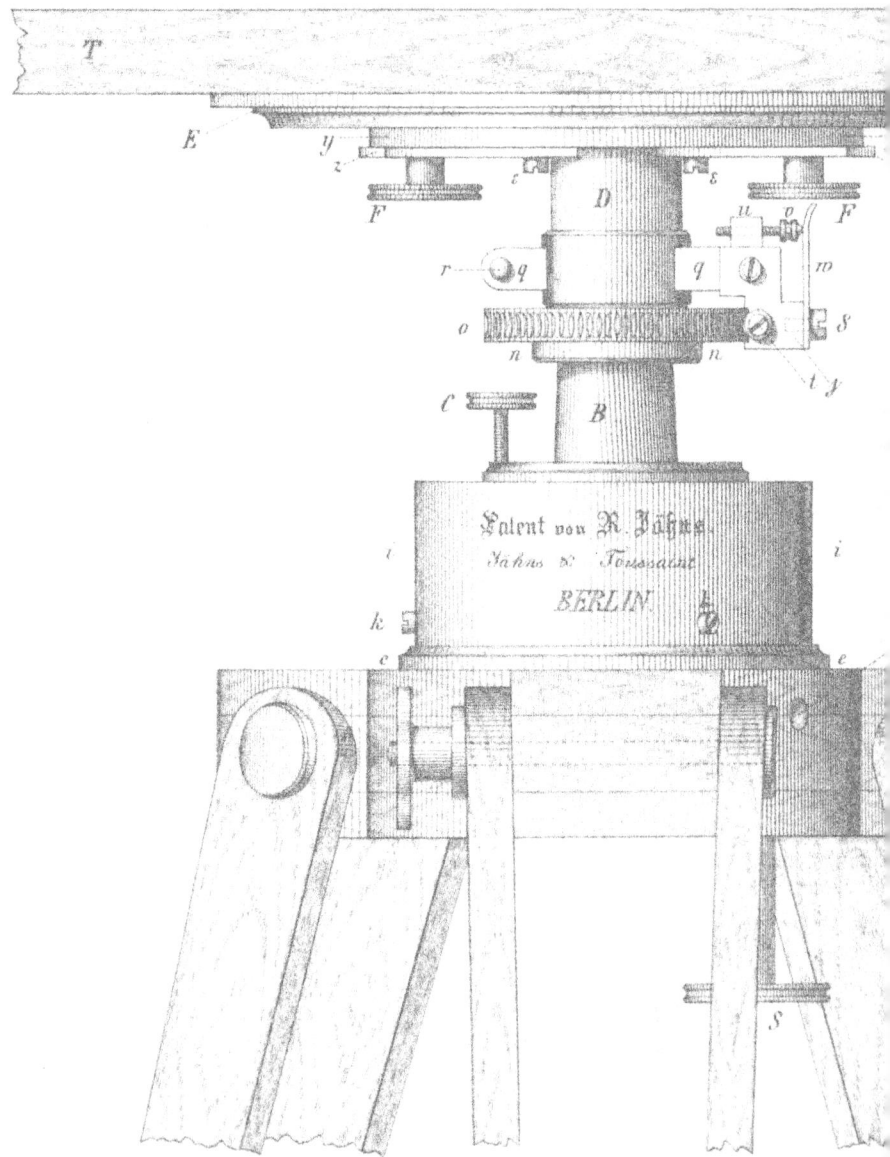

M. 1 : 2.

'sche Messtisch.

Fig. 4.

Detail.

T

q

q

r

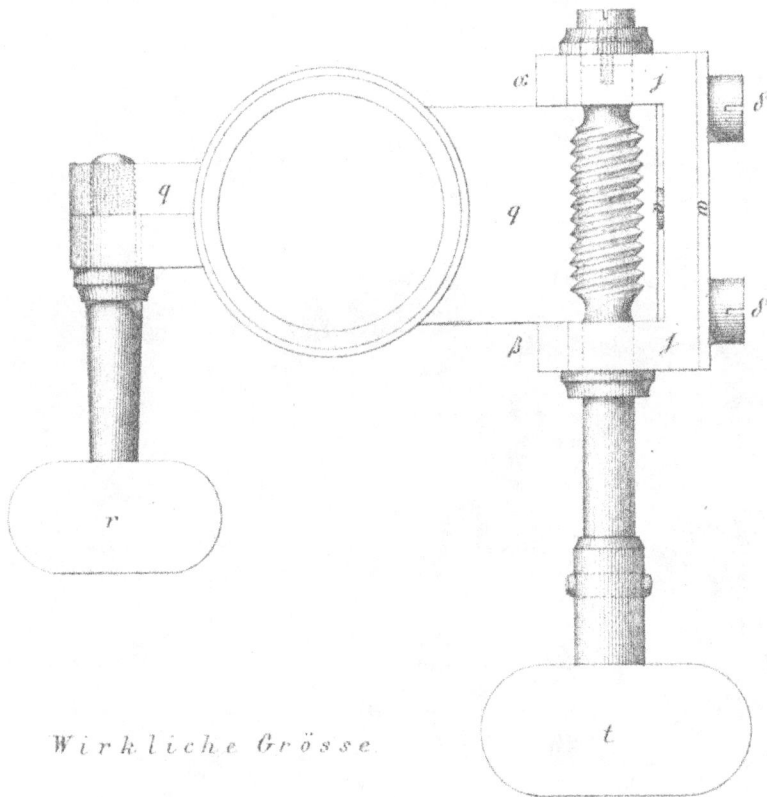

Wirkliche Grösse

t

Fig 1.

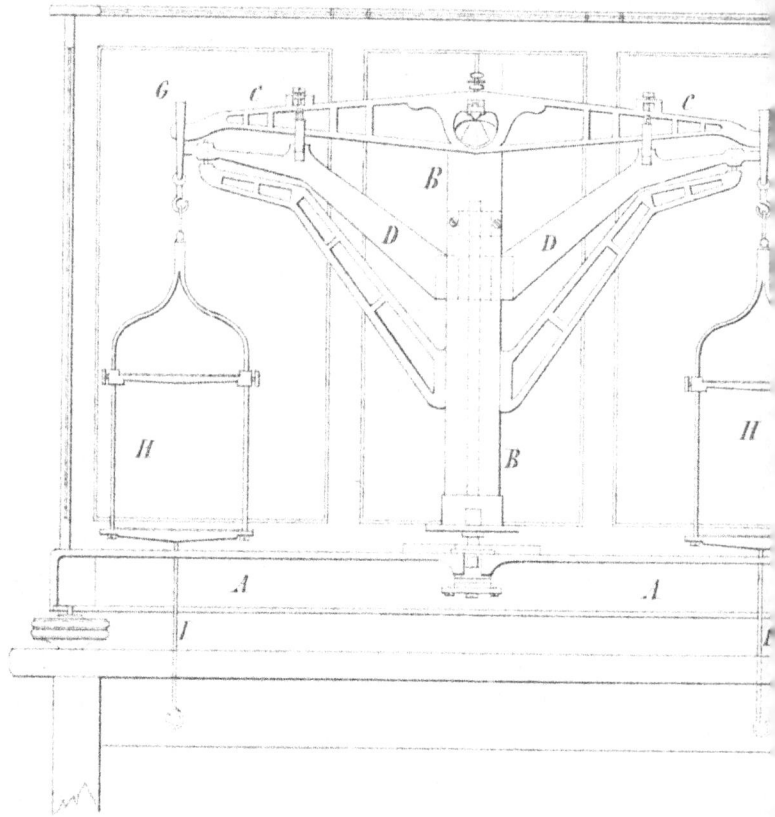

G    c'    C

B

D        D

H                    H

B

A        A

J

Breithaupt's

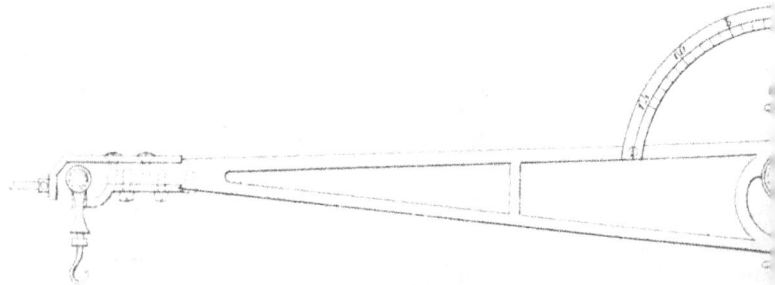

½ nat

Fig. 2.

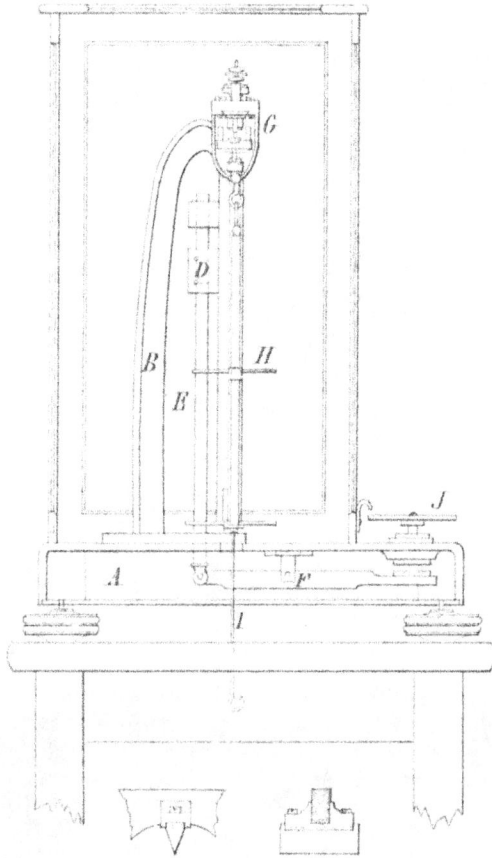

Fig. 3.    Fig. 4.

6    7    8   Decin.

onsbogen.

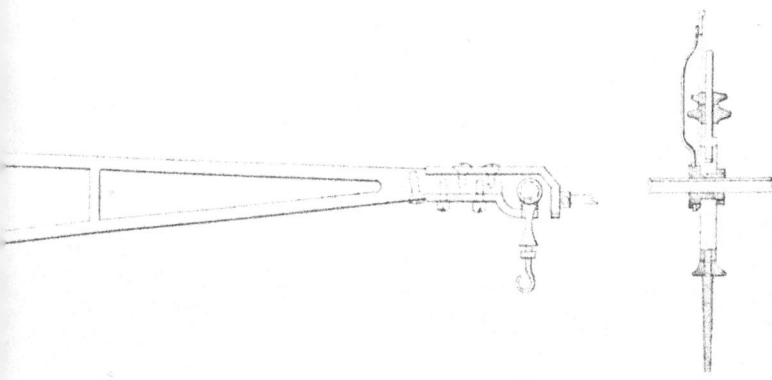

www.ingramcontent.com/pod-product-compliance
Lightning Source LLC
Chambersburg PA
CBHW081431190326
41458CB00020B/6167